天 高 可 问

这浩茫的宇宙有没有一个开头？

那时浑浑沌沌，天地未分，可凭什么来研究？

穹隆的天盖高达九层，多么雄伟壮丽！

太阳和月亮高悬不坠，何以能照耀千秋？

大地为什么倾陷东南？共工为什么怒触不周？

江河滚滚东去，大海却老喝不够。

哪里能冬暖夏凉，何处长灵芝长寿？

是非颠倒，龙蛇混杂，谁主张君权神授？

啊！我日夜追求真理的阳光，

渔夫却笑我何不随波逐流！

根据屈原《天问》改编。《天问》是屈原作品中一首奇特的长诗，表现了诗人追求
真理的精神，也是我国古代文人对宇宙的深层次思考。

大哉，数学之为用

数学大师华罗庚 1959 年 5 月在《人民日报》上发表科普文章，对广大青少年如何学好科学知识，特别是数学，做了生动、有趣、极富哲理的报告。他这样描述数学：

宇宙之大，

粒子之微，

火箭之速，

化工之巧，

地球之变，

生物之谜，

社会之需，

日用之繁，

无处不用数学。

数学大师陈省身 1980 年 9 月 3 日访问
中国科学院理论物理研究所题诗

几何物理是一家，

共同携手到天涯。

黑洞单极穷奥秘，

纤维连络织锦霞。

进化方程孤立异，

曲率对偶瞬息空。

筹算竟得千秋用，

都在拈花一笑中。

此诗深刻地反映了高度抽象的数学与真实物理的结合是人类认识宇宙、探求自然奥妙的有力工具。

中国《易经》之真谛

阳刚阴柔，阳动阴静，变化无穷。

阳刚阴柔，相反相成，

并非不变，而是动极则静，静极则动，

动中有静，静中有动。

宇宙万物，因时因地而阴阳、柔刚、静动，

变易而不易，复杂而简单，

矛盾又统一，对立又和谐。

◆作者赵宏量在 1966—1968 年的三年多时间
中，参加三线建设工作，担任西南三线国家
科委施工统筹方法战斗组组长，该组集体参
与的科研大项目"在复杂地质险峻山区修建
成昆铁路新技术"荣获中国首届国家科技进
步特等奖。奖状存铁道部，各新技术战斗组
组长及其所在单位，获得一个亚金特等奖纪
念品。由于赵宏量是战斗组组长，西南师范
学院(现西南大学)数学系是赵宏量所在单位，
因此这个奖品对本书作者赵宏量及其所在单
位都是一份特殊的荣誉。此图为当年亚金特
等奖奖品的实物照片。

◆ 作者2010年11月在北京参加华罗庚诞辰100周年纪念大会，与大会主席徐伟宣合影。

◆ 2012 年，作者 80 岁生日，亲友陈海亮、李栋丽夫妇前来祝贺。

◆ 2016年4月西南大学办学110周年纪念，原西南师范学院数学系59级毕业同学来校与作者夫妇在西南大学1号门合影留念。

大哉宏观宇宙·奇哉微观世界

从霍金《时间简史》谈起

赵宏量◎编著

西南师范大学出版社
国家一级出版社 全国百佳图书出版单位

图书在版编目（CIP）数据

从霍金《时间简史》谈起 / 赵宏量编著 . —— 重庆：
西南师范大学出版社 , 2017.11（2020.5 重印）
ISBN 978-7-5621-8828-5

Ⅰ . ①从 ... Ⅱ . ①赵 ... Ⅲ . ①时间 – 普及读物 Ⅳ .
① P19-49

中国版本图书馆 CIP 数据核字 (2017) 第 261592 号

从霍金《时间简史》谈起
CONG HUOJIN 《SHIJIAN JIANSHI》TANQI

赵宏量　编著

责任编辑　周万华　刘玉
装帧设计　熊艳红

排　　版　重庆大雅数码印刷有限公司 · 杨建华
出版发行　西南师范大学出版社
印　　刷　重庆市国丰印务有限责任公司
幅面尺寸　155 mm×225 mm
印　　张　12.25
插　　页　12
字　　数　145 千字
版　　次　2018 年 5 月第 1 版
印　　次　2020 年 5 月第 2 次印刷
书　　号　ISBN 978-7-5621-8828-5
定　　价　46.00 元

如有印装质量问题，请联系本出版社市场营销部调换：023-68868624

前　言

PREFACE

　　史蒂芬·霍金的《时间简史》是一本天体物理学的大众科普著作，自 1988 年出版以来，已被翻译成 40 多种文字，发行量超过 2000 万册，堪称世界出版史上的里程碑。

　　人们喜欢这本著作，是因为它的贡献对人类的观念有深远的影响。《时间简史》可以称得上是当今世界现代物理学有关宇宙组成、创生和演化的较权威总结。它叙述的内容迷人而清澈，趣味性很强，科学性很高，让读者能从中获得学习高深科学知识的机会，也是人们探索宇宙奥秘的一个窗口。

　　如此著名的大作也有一些问题值得进一步研究和探讨。《时间简史》一书中涉及的学科门类很多，而且层次较高，没有受过专门高等教育的人，对其中的许多概念和问题是难以理解的。另外，由于出版时间已将近 30 年，书中有些问题和数据已产生了许多变化，需要修改补充。再一个问题是书中关于中国科学家在天文学、天体演化学、天体物理学以及原子物理学和粒子物理学等方面的贡献几乎只字未提。

　　鉴于上述诸多原因。本书作者经过几年的充分准备，查阅了大量资料和有关的读书笔记，并在反复阅读霍金著作的基础上形成了此书。此书分为三部分，第一部分是作者对《时间简史》中主要内容所做的概括性介绍及初读体会，同时简要叙述了近年来宇宙学的研究和发展产生的一些新事物。第二部分将书中有关理论和问题进行了初步的归纳和整理，从中选出了 20 个对阅读《时间简史》有关，而且有帮助的理论和问题进行阐释，这些问题也都是人们感兴趣和值得学习探讨的。作者将这些内容作为撰写此书的重点，对这些问题一一做了比较通俗易懂和简明扼要的阐释，为各个层次的读者，想要进一步学习和弄懂《时间简史》，提供一份学习资料和一个较有力的助手。本书的第三部分是作者长期以来从事高等学校教育、教学和科研，学习各门科学知识读书笔记的历史积累片段，着重对从古至今科学发展的历史梗概，做了一个十分简要的回顾。当然，限于作者的时间和精力以及对于知识的局限性，必然存在许多不当之处，恳请广大的读者多多加以斧正，不甚感谢。

赵宏量

2017 年 5 月

目 录

CONTENTS

第三部分

人类科学发展史综览

第一部分

读《时间简史》，看人类文明进程

(一)

人类对宇宙的认识

西南大学老教授协会倡导老教授读三本书,分别是《旧制度与大革命》《菜根谭》和《时间简史》,其中霍金的《时间简史》被美国《华尔街日报》称为"当代物理学有关宇宙组成、创生和演化的权威总结"。而《芝加哥论坛报》则刊文称"很难想象其他任何在世的人能将这些数学上令人生畏的主题表达得更清楚"。

霍金在书中提出:宇宙从何而来,又将向何处去?宇宙有开端吗?如果有的话,在开端之前发生了什么?时间的本质是什么?它会有一个终结吗?宇宙之间的日月星辰,人们通称为天体,天体的起源和演化以及有关宇宙的构造问题,自古以来,就存在着唯物主义和唯心主义,辩证法和形而上学的长期的激烈斗争。18世纪关于太阳系起源的"星云假说",第一次把天体的起源和演化归结为天体内部的矛盾运动。

人类有文字记载的历史达数千年,但对宇宙的认识,对人类居住的地球到底是什么东西,直到公元前340年亚里士多德才在他的著作《论天》里提出地球是一个不动的球体,一部分是陆地,一部分是水域,外面被空气围着,太阳、月亮、行星和恒星都以圆周为轨道围绕着地球公转。

可当时人们并不相信亚里士多德的话,而普遍认为,如果亚里士多德的话属实,那么住在地球另一端的人,头朝下怎么走路呢?难道他们不掉下去吗?为什么那里的水不会流向天空呢? 由此可见,当时的人并没有理解到,物体的下落是由于受到地球的吸引力。对于他们来说,"上"和"下"是空间的绝对方向,不论在哪里都是一样的。在他们看来,在我们地球上走上一半远,"上"就会变成"下",而"下"就会变成"上"了。当时,人们对亚里士多德这种观点的看法,正像 20 世纪初某些人对爱因斯坦相对论的看法一样。当时的人们并不认识地球的吸引力,因此认为,当你跑到这个地球的下面一半去时,就会向下掉到蓝天中去。老观念是十分顽固的,新观念遭到十分强烈的反对,直到麦哲伦进行了著名的环球航行后,人们对所生存的大地(指地球)是球体的怀疑才最终消失。

从亚里士多德的"地心说",到哥白尼的"日心说",再到开普勒修正了哥白尼的理论,提出了行星不是沿着圆周而是沿着椭圆轨道运动。但这只是开普勒偶然的发现与观测相符合,无法证明。直到 1687 年,牛顿给出了证明后才找到了理论解释。

事情是这样的,天文学的理论是以观测为基础的。人类首先研究太阳系的构造,开普勒发现了行星运动服从简单的数学规律,即行星绕太阳运行的三大定律(即轨迹定律、面积定律和周期定律),后来牛顿的引力理论就是一个简单的数学模型。在此模型中两个物体用一种力互相吸引,该力与被称为它们质量的量成正比,并和它们之间距离的平方成反比。然而此模型却以很高的精确度,预言了太阳能、地球、月亮和行星的运动。历史证明天文学只有在数学的帮助下，才能很好地发展起来。因此，要研究天文学就必须研究数学。

牛顿的万有引力定律是科学普遍结论的一个最完美的例子，它以一个简单的数学公式概括了巨大数量的事实。引力具有一系列的特性，这些特性把它和自然界里其他的力量（如电磁力）区分开来。自然界中的所有物体之间无一例外地都有引力在作用着，没有任何障碍物能阻挡引力，它的作用经过了行星或太阳以后也丝毫不会减弱，好像是经过什么都没有的空间一样。引力的作用并不决定于物体的化学成分、物理状态和物理性质，而只决定于物体质量（这也就是说，引力只与物体质量有关，与物体的化学成分、物体的物理性质和状态是没有什么关系的）。

（二）

关于宇宙起源的探索

天空中的星体，除了行星以外，其余都是恒星，行星是围绕恒星运转的自身不发光的星体，而恒星则是宇宙间自身能发光发热的星体，它们就好比是一个个庞大的炽热的气体球。不同恒星在大小、光度上的差别是十分巨大的，大的恒星有比太阳大 400 多倍，亮 3600 多倍的猎户座 α 星（也称参宿四，距地球约 300 光年），称得上是一颗光辉夺目的巨星；小的恒星有比地球还小，并且只有太阳万分之一亮度的范玛伦星（距地球 13 光年）。

人们认为天上的星星数不清，这是大错特错的。如果单凭肉眼观星，将南北两个半球可以直接看到的星星加起来最多也只有 6000 多颗，它们分布在天空中的 88 座星图中。

用安放在加利福尼亚州威尔逊山天文台的那架有名的 100 英寸（约 254 cm）口径的望远镜观测星空时，就能看到大约 5 亿颗恒星。

据地质学资料研究得知，我们居住的地球曾经有过一段根本没有地壳的时期。那时候地球还是一个发光的熔岩球体。事实上，根据对地球内部的研究得知，目前地球的大部分结构仍处于熔融状态。地球内部各个深度上的温度测量结果说明，地球表面只是漂浮在岩浆上面的一层相对来说很薄的硬壳而已。而每向下 1 km，地温就上升 30 ℃左右。正因为如此，在世界最深的矿井（南非的罗宾逊深井）里，井壁是如此之烫，以至于必须安装空气调节装备，否则矿工们就会被活活烤熟。假设我们到达地下 50 km 的深度（这只是地球半径的近 1% 之处），地温就会达到岩石的熔点（1200～1800 ℃）。在这个深度以下，地球质量的 97% 以上都是以完全熔融的状态存在。这种状态当然不会永远持续下来。从地球曾经是一个完全熔融的发光球体的过去开始计算，到地球冷却成一个完全固体球的遥远将来为止，这是一个逐渐冷却的过程。由冷却率和地壳加厚速率粗略地计算，可以得知，地球的冷凝一定是在几十亿年前就开始了。如果想更清楚地了解地球的成因和太阳系的形成，我们就去看看霍金的《时间简史》中关于"宇宙的起源和命运"的描述。

下面给出的"热大爆炸模型"只是一个被人们广泛接受的宇宙历史模型，尚未被科学证明；但也有较有力的实验观测支持，如星系的"红移"、宇宙微波背景辐射和氢的丰度等。

在宇宙大爆炸时，宇宙的体积被认为是零，或者说是存在一个极小的体积，所以是无限热。但是其辐射的温度随着宇宙的膨胀而降低。大爆炸后的 1 s，温度降低到约为 100 亿摄氏度，这大约是太阳中心温度的 1000 倍。此刻宇宙主要包含光子、电子和中微子以及它们的反粒子，还有一些质子和中子。随着宇宙的继续膨胀，温度继续降低，电子/反电子对在碰撞中的产生率就落到它们的湮灭率之下。这样，大多数电子和反电子相互湮灭掉了，产生出更多的光子，只剩下很少的电子。然而中微子和反中微子并没有相互湮灭掉,说明这些粒子本身以及和其他粒子的作用都非常微弱,直到今天它们应该仍然存在。如果人们如今能观测到它们,就会为非常热的早期宇宙阶段的图像提供一个很好的检验。可惜现在它们的能量太低了,使得人们不能直接观测到。然而如果中微子不是零质量,本身具有小质量,人们则可能间接地探测到它们:它们可能是"暗物质"的一种形式,具有足够的引力去遏止宇宙的膨胀,并使之重新坍缩。

在大爆炸后的大约 100 s,温度降到了 10 亿摄氏度(即最热的恒星内部的温度),在此温度下,质子和中子不再有足够的能量逃脱强核力的吸引,所以开始结合产生氘(重氢)的原子核。氘核包含一个质子和一个中子。然后氘核和更多的质子、中子结合形成氦核,它包含两个质子和两个中子,还产生了少量的两种更重的元素锂和铍。可以计算出,在热大爆炸模型中大约有 1/4 的质子和中子变成了氦核,还有少量的重氢和其他元素。余下的中子会衰变成质子,这正是通常氢原子的核。

大爆炸后的几个小时之内,氢和其他元素的产生就停止了。之后的 100 万年左右,宇宙仅仅是继续膨胀,没有发生什么事。最后,一旦温度降低到几千摄氏度,电子和原子核不再有足够能量去战胜它们之间的电磁吸引力,就开始结合形成原子。宇宙作为整体,继续膨胀变冷,但在一个比平均密度稍微密集些的区域,膨胀就会由于额外的引力吸引而缓慢下来。在一些区域膨胀最终会停止并开始坍缩。当它们开始坍缩时,在这些区域外的物体的引力、拉力使它们开始很慢地旋转；当坍缩区域变得更小，它会自转得更快；最终，当区域变得足够小，它自转得快到足以平衡引力的吸引，碟状的旋转星系就以这种方式诞生了。

另外一些区域刚好没有得到旋转，这就形成了叫作椭圆星系的椭球状物体。这些区域之所以停止坍缩，是因为星系的个别部分稳定地围绕着它的中心公转，但星系整体并没有旋转。

随着时间流逝，星系中的氢气和氦气被分割成更小的星云，它们在自身引力下坍缩。当它们收缩时，其中的原子相互碰撞，气体温度升高，直到最后，热得足以开始热核聚变反应。这些反应将更多的氢转变成氦，释放出的热增加了压力，使星云不再继续收缩。它们会稳定在这种状态下，作为像太阳一样的恒星停留一段很长的时间，它们将氢燃烧成氦，并将得到的能量以热和光的形式辐射出来。

质量更大的恒星需要变得更热，以平衡它们更强的引力吸引，使得其核聚变反应进行得极快，以至于它们在 1 亿年这么短（对大尺度的宏观宇宙来说，大量的恒星生命都是几十亿甚至几百亿年，所以 1 亿年都是很短的了）的时间里将氢耗尽。然后它们会稍微收缩一点，而随着它们进一步变热，就开始将氦转变成像碳和氧这样更重的元素了。但是这一过程并没有释放出太多的能量，以至于会出现一个很大的问题，在某种情况下，大质量恒星（比太阳大若干倍）会爆炸或设法抛出足够的物质，使它们的质量减小到极限之下。印度科学家昌德拉塞卡算出：1 个冷的恒星，若质量约为太阳质量一倍半还多,则不能维持本身与抵抗自己的引力,这个质量现称为昌德拉塞卡极限,这个极限对大质量恒星的最终归宿具有重大的意义,以避免灾难性的引力坍缩。

人们现在还不完全清楚大质量恒星的演变情况,下一步还会发生什么?看来恒星的中心区域很可能坍缩成一个非常致密的状态,譬如中子星或黑洞。20 世纪 60 年代发现的中子星,更是恒星中的奇特者,它的直径有 20 km 左右,但质量却与太阳相当(太阳质量为地球的 33 万倍,大约是 $2×10^{27}$ t,即 2000 亿亿亿吨),但是中子星的密度竟然达到如此惊人的程度,1 cm^3 物质质量达 1 亿吨!而且其表面温度竟高达 $1×10^7$℃(太阳表面温度约 6000 ℃),真是令人无法想象。霍金将黑洞定义为时空的一个区域,那里光都不能逃逸出来。

黑洞是科学史上极为罕见的情形之一,在没有什么观测到的证据来说明其理论是正确的情况下,作为数学的模型被发展到如此详尽的地步!的确,这经常是黑洞反对者的主要论据:人们怎么能相信有这样的物体,且其仅有的证据是基于令人怀疑的广义相对论的计算。

(三)

热大爆炸模型

在多种现代宇宙模型中,最有代表性并且也为多数人所接受的,是 1948 年伽莫夫所提出的"大爆炸宇宙论",它是现代宇宙学中最有影响的一种学说。

大爆炸开始时,存在一个极小体积、极高密度、极高温度的奇点。

表 3-1 大爆炸·量子效应——未知的物理定律

事件	温度	时间(大爆炸后)
大统一理论(GUT)时期宇宙从量子涨落背景出现	10^{32} ℃	10^{-43} s
夸克-反夸克主导时期引力分离,夸克、玻色子以及轻子等形成	10^{27} ℃	10^{-34} s
质子、中子和介子形成(夸克禁闭和反夸克消失)	10^{15} ℃	10^{-10} s
光子、电子、中微子为主,质子、中子仅占十亿分之一,热平衡态,体系急剧膨胀,温度和密度不断下降	10^{11} ℃	0.01 s
中子、质子之比从 1.0 下降到 0.61	3×10^{10} ℃	0.1 s
质子和中子束缚一起形成氢、氦、锂和氘核	10^{10} ℃	1 s
物质和辐射耦合在一起	10^9 ℃	3 min
当电子和原子核结合在一起,物质和辐射去耦,宇宙对于宇宙背景辐射变成透明,宇宙主要物质成分是气态	3000 ℃	30 万年
物质团形成类星体、恒星和原始星系。恒星燃烧太初氢和氦并合成更重的核	20 ℃	10 亿年
太阳系围绕着恒星凝结,原子连接形成复杂分子和生命物质	3 ℃	150 亿年

在大爆炸时,假定是从最早开始到大爆炸时刻起,宇宙的体积被认为是存在一个极小体积,所以是无限热。但是辐射的温度随着宇

宙的膨胀而逐渐降低,大爆炸 1 s 后,温度降低到 $1×10^{10}$ ℃;大爆炸 35 min 后,温度降到 $3×10^8$ ℃。由于空间不断膨胀,导致温度和密度很快下降,随着温度降低、冷却,逐步形成原子、原子核、分子并复合成为通常的气体。气体逐渐凝聚成星云,星云进一步形成各种各样的恒星和星系,最终形成宇宙。此学说比其他宇宙学能说明较多的观察事实。

最近又有一项新的理论认为,大爆炸时不仅形成了我们所在的宇宙,而且还形成了另一个"镜像宇宙",它拥有相对我们而言"反向"的时间。它对人们思考大爆炸理论是一个崭新的视角。

宇宙太大了,先来看看人类生活的地球。地质科学研究精确地测定了岩石生成中的铅同位素及其他不稳定同位素的衰变产物的积累量,由此算出地球上最古老的岩石存在了 45 亿年。因此,得出结论:地壳一定是在大约 50 亿年前由熔岩凝成的。

因此,我们能够想象出,地球在 50 亿年前是一个完全熔融的球体,外面环绕着稠密的大气层,其中有空气和水蒸气,可能还有其他挥发性很强的气体。

这一大团炽热的宇宙物质又是从何而来的呢? 是什么样的力决定了它的形状呢? 这些有关我们这个星球和太阳系内其他星球起源的问题,是宇宙起源理论的基本课题,也是多少世纪以来一直萦绕在天文学家头脑中的一个谜。

按照霍金的观点,太阳系是按下列说法产生出来的。恒星的外部区域有时会在称为超新星的巨大爆发中被吹出来,这种爆发使星系中的所有恒星在相形之下显得暗淡无光。恒星接近生命终点时产生的一些重元素就被抛回到星系里的气体中去，为下一代恒星提供一些原料。因此，我们的太阳是第二代或第三代恒星，是大约 50 亿年前由包含有更早超新星碎片的旋转气体云形成的，所以大约包含 2％这样的重元素。云里大部分气体形成了太阳或者被喷到外面去了，但是少量的重元素聚集在一起，形成了像地球这样的，现在作为行星围绕太阳公转的物体。

地球原先是非常热的，并没有大气。在时间的长河中地球冷却下来，并从岩石中散发出气体而得到了大气。人们无法在这早先的大气中存活，因为它不包含氧气，然而存在其他能在这种条件下繁衍的原始的生命形式。人们认为，它可能是作为原子的偶然结合，形成叫作高分子的大结构，而这种结构在海洋中发展能够将海洋中的其他原子聚集成类似的结构。它们就这样复制自己并繁殖。在此过程中一些复制过程出现了误差，这些误差通常使新的高分子不能复制自己，并最终被消灭。然而，一些误差会产生出新的高分子，在复制它们自己时会变得更好，从而取代原先的高分子，进化的过程就是用这种方式开始的，随后越来越复杂的自我复制组织产生。

宇宙从非常热的状态开始并随膨胀而冷却的景象，和我们今天所有的观测证据相一致。尽管如此，它还留下了许多未被解答的重要问题：

(1)为何早期宇宙如此之热？竟然能热到 10^{32} ℃？

（2）为何宇宙在大尺度上如此均匀？为何它在空间的所有点上和所有方向上看起来相同？尤其是当我们朝不同方向看时，为何微波辐射背景的温度几乎完全相同？

（3）为何宇宙以这么接近于区分坍缩和永远膨胀模型的临界膨胀率开始，这样即使在 100 亿年以后的现在，它仍然几乎以临界的速度膨胀？

（4）尽管宇宙在大尺度上是如此一致和均匀，但它却包含有局部的无规则性，诸如恒星和星系的许多不同。人们认为，这些是从早期宇宙中不同区域之间密度的细微差别发展而来的。这些密度起伏的起源是什么？

单凭爱因斯坦的广义相对论本身不能解释以上特征和所提出的问题，因为广义相对论预言，宇宙是从大爆炸奇点处的无限密度起始的。广义相对论和所有其他物理定律在奇点处都无效了：人们不能预言从奇点会出来什么。这表明我们可以从这理论中革除大爆炸奇点和任何先于它的事件，因为它们对我们没有任何观测效应。

整部科学史正是对事件不是以任意方式发生，而是反映了一定内在秩序的逐步的意识。宇宙的初始状态是可以有大量具有不同初始条件的宇宙模型（用数学方法建立这些数学模型，并对这些模型进行数学计算，然而使用数学这个工具还存在极大困难，这也对数学提出更高要求，需要创造更好的数学方法）。

宇宙初始态的选择纯粹是随机的，这意味着，早期宇宙可能是非常混沌和无序的。但人们很难理解，从这种混沌的初始条件，如何导致今天我们在这个世界上观测到的在大尺度上如此光滑和规则的宇宙。人们还预料，在这样的模型中，密度起伏导致比伽马射线背景观测设定的上限多得多的太初黑洞的形成。

如果宇宙确实是空间无限的，或者存在无限多宇宙，就会存在某些从光滑和一致的形态开始演化的大的区域。在宇宙的情形下，我们是否可能刚好生活在一个光滑和均匀的区域里呢？初看起来这是非常不可能的，因为这样光滑的区域比起混沌无序的区域少见得多。然而，假定只有在光滑的区域里星系、恒星才能形成，才有合适的条件，使得像我们这样复杂的，能自然复制的机体得以发展，这种机体能够质疑宇宙为什么如此光滑，这也是"人存原理"的一个例子。

人存原理，可以简单地解释为："我们看到的宇宙之所以如此，乃是因为我们的存在。"人存原理有弱的和强的意义下的两种版本。应用弱人存原理的一个例子是用来"解释"为何大爆炸发生于大约 100 亿年之前——智慧生物大约需要那么长的时间演化。因为一个早期的恒星必须首先形成，这些恒星将原先的一些氢和氦转化成像碳和氧这样的元素，由这些元素构成我们（人类）。然后这些恒星作为超新星而爆发，其裂片形成其他恒星和行星，其中就包括我们的太阳系。

太阳系年龄大约是 50 亿年。地球存在的前 10 亿或 20 亿年，对于任何复杂的生命物质都太热，不适合生命存在，在余下的 30 亿年左右才适于生物进化的漫长过程。从最简单的生命,直到能够测量回溯到大爆炸的时间的生命,就在此期间形成。绝大多数人对上述的弱人存原理表示认同,但这只是一种学说,需要进行科学的证明。

为了探究宇宙从何起始,人们需要在时间开端处建立定律。如果宇宙真是起始于"大爆炸",那么"大爆炸"发生的准确时间至今仍然是一个谜。这当然是天文学的难题,需要人们去认真研究。

罗杰·彭罗斯与霍金在他们的奇点定理证明中指出,如果广义相对论的经典理论是正确的,则时间的开端是具有无限密度和无限时空曲率的一点,在这样的点上所有已知的科学定律都会崩溃(即失效)。然而奇点定理真正揭示的是,引力场变得如此之强,使量子引力效应变得十分重要,因为经典理论已经不能很好地描述宇宙了。这样,人们必须使用量子引力论去讨论宇宙的极早期阶段。在量子力学中,通常的科学定律有可能在任何地方都有效,包括时间开端这一点在内;不必针对奇点提出新的定律,因为在量子理论中不必存在任何奇点。他们声称,到今天虽然仍没有一套完备而协调的理论将量子力学和引力结合在一起,然而也相应地发现要研究这套统一理论应该具备某些特征。

因为现在几乎每个研究天文学的人,都假定宇宙是从一个大爆炸奇点处起始的。然而霍金后来又改变了想法,试图去说服其他物理学家,他认为在宇宙的开端并没有奇点,因为当人们一旦考虑了量子效应,奇点就会消失。

显然,在人类文明发展史上,人们几千年来形成的宇宙观,在

20 世纪下半叶,这不到半个世纪的时间里完全被转变了。霍金等人的努力,将广义相对论和量子力学结合成一个单一的量子引力论,从而开展了新一轮对宇宙、天体演化的创新型研究。

霍金在 20 世纪 70 年代是因集中研究天体中的黑洞而名震天下的。正是黑洞的研究使霍金等人给出了量子力学和广义相对论如何相互影响的第一个暗示——量子引力论(初型)。因为利用量子引力论能产生出一些著名的推论,例如黑洞不是黑的,宇宙没有任何奇点,宇宙是完全自足并没有边界的,宇宙不受任何外在于它的东西影响,宇宙物质本身既不能创造,也不会消亡,将来会永远存在下去。宇宙间的物质,不论它处于什么状态,都是按照一定的规律在运动和发展着。人们对宇宙的认识也必然是随之变化而发展。

（四）

银河系是怎么一回事？

据粗略估计，我们生存的这个星系（银河系）大约有 1000 亿颗恒星，我们的太阳是其中的一颗，星系中有行星的恒星（如太阳有 8 颗行星围绕）大约有 10 亿颗（约占 1%）。

20 世纪，人们开始还把太阳当作银河系的中心，后来才知道，银河系的中心是在人马座的方向，太阳和银河系的中心距离约有 3 万光年（而银盘的直径约 10 万光年），银盘（是指银河系，人们看它像一个铁饼，中间厚，边缘薄）中心厚度约 2 万光年，而边缘部分厚度约 1000 光年。直观地说，假设把银河系缩小为原来的一万亿分之一，那么，太阳将变成芝麻那么大，而太阳系中最大的行星木星就会小得像一粒灰尘，至于地球和其他行星，就小得必须用放大镜才看得清了。用这个比例尺来衡量地球和太阳之间的距离则只有 15 cm，整个太阳系的直径也只有 12 m，然而整个银河系的直径却仍然有 100 万千米。由此可见，单独一个银河系就是宇宙间一个多么庞大的恒星系统。

宇宙是无限的，在银河系外还有千千万万个"银河系"。天文学上把这些恒星系统叫作"河外星系"，或"河外星云"。按照现在的估计，河外星系的总数高达 10 亿个以上。在银河系周围 5 亿光年的范围内，大约有 1 亿个河外星系，其中每个河外星系都包含几亿到几千亿颗恒星以及大量的星际物质。由此可见，和广袤无垠的宇宙相比，我们的银河系只不过是"沧海一粟"罢了。在宇宙的早期它们怎么可能会全部聚集在一起？人们又怎么可能会认为那时宇宙的体积为零，而且无限热呢？帕洛马山天文台 200 英寸（约508 cm）口径的望远镜也只能看到银河系是散布在 10 亿光年的可见距离内。

现在我们还未能弄清宇宙到底有多大，原因在于远处的星系的距离只能靠它们的视亮度来确定，而且需要假设所有的星系都具有同样的亮度。然而，如果星系亮度随时间变化（与年代有关）就会导致错误的结论。要知道帕洛马山天文台的望远镜所看到的最远的星系大约在 10 亿光年远处，因此我们所看到的是那些星系在 10 亿年前的状态，而今天它们又是如何，尚不得而知。如果星系随着自己的衰老而变暗，那么我们就得对哈勃的结论（提出星系的"红移"理论，认为宇宙在膨胀等）进行修正。事实上，只要星系的光度在 10 亿年里（它们寿命的 1/7）做一个很小的百分数的改变，就会把有些人的结论推翻或颠倒过来。

天体的起源和演化是一个极其复杂而又深奥无比的问题。宇宙在空间和时间上是无限的，但宇宙中的每一个具体的天体都有它从产生、发展到衰亡的历史，因而在空间上和时间上它们都是有限的。无限的宇宙空间和时间正是由无数的有限的空间和时间所构成的，这就是无限和有限的辩证统一。

恩格斯在谈到永恒宇宙中所进行的物质的无限循环时，这样说:"物质的运动是永恒的循环,在这个循环中,物质的任何有限的存在方式都是暂时的,而且除永恒变化和运动的物质以及这一物质运动的变化规律外,再没有什么永恒的东西了。"

天体演化是天体内部的矛盾运动,并不存在什么第一推动力,宇宙在空间上和时间上都是无限的,物质宇宙中的一切天体处于不断的运动和变化之中,天体的起源和演化是天体自身矛盾发展的必然结果。

虽然我们今天认识宇宙空间的范围较之18世纪扩大了数十万亿倍,但这仍然不过是茫茫宇宙中的一小部分。宇宙是无穷的,人类认识宇宙的发展也是无止境的。

宇宙在时间上是无限的。这就是说它是无始无终,永恒存在的。对于整个宇宙而言,根本不存在它的开端和终结的问题,只有宇宙物质运动形态的相互转化问题,由低级到高级的无限前进运动的问题。

即使在今天,恒星的诞生也还在我们的银河系中发生着,而且这种恒星形成过程也普遍地发生在时间上无限、空间上无限的宇宙之中。从恒星抛出来的物质又重新产生了新的恒星和新的行星,而在这个循环里,绝没有什么永恒的东西,除去永远在变化和永远在运动的物质以及物质运动的变化规律以外。

有人认为恒星的温度和密度急剧增加,使核能的释放突然加速起来,从而导致了猛烈的爆炸,因而出现了新星和超新星的现象。

有人指出新星的爆发现象还有一个重要的原因，就是高温、高密度条件下进行的核反应，产生了大量的"中微子"（一种只受弱力和引力影响的极轻的粒子）。中微子的存在是用数学里的反证法发现的，它是不带电的极轻的粒子，可以不费吹灰之力在任何物质中穿过，如一束中微子可以穿透几光年厚的铅，真令人称奇！近年来，一些国家建置了中微子探测器。如中国的大亚湾核反应堆中微子实验中使用的两个中微子探测器和日本超级神冈探测器等。

中微子的本领很强，有巨大的穿透力。它很容易从恒星内部逸出，离开恒星，大量中微子的逸散，也会引起恒星的崩溃而产生超新星爆发。

1963 年，人们发现河外星系的 M82 的核心部分发生了宇宙间迄今所知的最猛烈的一次大爆炸，由其核心抛射出来的物质，其质量约为太阳质量的 500 万倍，速度约为 10^6 m/s。一般来说，新星的爆发相当于几十万亿亿个氢弹（假设每个氢弹相当于 1000 万吨 TNT）爆炸的威力。在我们银河系里的新星和超新星是很少的，到 1964 年为止已发现的超新星共 140 多颗。

（五）

惊心动魄的宇宙

黑洞是一种理论上存在而至今尚未找到的天体。它与其他天体本质上的区别是引力作用占据绝对的优势。在质量很大、半径很小，因而密度必然极大的星体周围，存在着极其强大的引力场。在这个较小的范围内，因为引力压倒一切，物质只能被吸引进去，而无法向外逃逸，就连光也会被吸引住辐射不出来，这个小范围（区域）被人们称为黑洞。当星体发展到晚期，热核反应因物质消耗殆尽而逐渐停止下来，由热核反应所产生的排斥作用也衰减下来。如果这时星体还保留有相当大的质量，构成星体的物质之间的各种形式的斥力就抵挡不住巨大的引力，原来处于相对稳定状态的星体就会向中心坍缩。这种坍缩若超过一定的限度，就会出现黑洞。按照爱因斯坦的广义相对论的预言，黑洞是一种特殊天体，它的基本特征是具有一个封闭的视界。视界就是黑洞的边缘，外来的物质和辐射进入视界之内，但是视界之内的任何物质不能逃跑到视界之外。黑洞因其具有巨大的质量且高度集中在范围很小的体积内，它的引力强大到使得任何物质都无法逃脱，辐射也被禁锢而出不来。黑洞虽然看不见，但是通过它的强大引力场的存在，它的质量、角动量和电荷对外界产生的影响，人们可以描述黑洞的全部特征。目前科学界普遍认为，最有可能是黑洞的天体，也许就是如银河系中的天鹅座 X-1（也称为 X 射线星）。这种 X 射线星，在 X 射线波段内发射的功率等于太阳在所有波段上发射功率的几千倍。

有人认为这种 X 射线源是大质量黑洞，星团的稠密核心在经过一切崩溃性的中心坍缩之后，其中的恒星会合并起来形成这种黑洞。然而要解决这样的多体问题，在计算上和数学上都存在着极其难以克服的困难。因此直到今天，这种崩溃性的合并究竟能否发生都还没有定论。

然而大质量黑洞的倡导者们却仍坚持在高度稠密的球状星团中仍然存在着这种天体（黑洞），而且黑洞质量必须相当巨大（100～1000 倍太阳质量），才能以极大的速度吸引恒星风喷流出来的气体以及恒星正常的核燃烧损失的物质。这种喷流出的物质掉到星团中心，通过吸积添加到黑洞中去，从而产生 X 射线。

关于产生黑洞的假说至今有两种：一是"双星俘获模型"；二是"大质量黑洞'真空吸尘器'模型"。可是时至今日尚未找到有关决定性的证据。然而有一个事实却是同上述两个假说都不矛盾的，这就是银河系中球状星团 X 射线源往往是在中心密度很高的星团中先出现的。截至 1977 年，人们已经找到 20 多次爆发的 X 射线源。

1967 年，天文工作者发现了一种"奇异"的新天体，它以极其精确的时间间隙发出极为规则而又短促的无线电脉冲信号。开始人们还以为是宇宙中有文明的生物向地球发来的"电报"，因此曾一度将这种信号称为"小绿人"。后来经过研究发现这种信号是一种星体发出的。目前已发现的这种星体有上千个之多。这种星体是一种超高温、超高密度的物质,它的中心温度竟然高达 60 亿摄氏度,它的磁场强度极强,高达 1 万亿高斯(而宁静的太阳表面只有几高斯的磁场强度)。此类星体的物理特征是:质量同太阳相当,体积都很小,直径只有 20 km 左右。因此,密度极高,每立方厘米约 1 亿吨。它的辐射能量极大,约为太阳的 100 万倍,真是一种十分诡异的星体。

大质量恒星寿命终结时会在超新星爆发中粉身碎骨,外层被炸飞。但是,如果恒星遗留下来的内核质量超过太阳质量的 1.5 倍,就会坍缩成主要由中子以及少量的电子和质子组成的中子星。中子星以均匀的时间间隔辐射脉冲,因此它也被人们称为脉冲星。而所谓脉冲就是像人的脉搏一样,一下一下地发出短促的信号。

人们为什么可以收到这种十分有规律的脉冲信号呢?原因在于带电粒子沿着脉冲星的磁力线旋转运动,从而产生了辐射束,而辐射束的放射轴和中子星的自转轴又并不是一致的,中子星沿着自转轴高速旋转,只有辐射束恰好扫过地球时,才能被观测到,因而形成了脉冲。脉冲的周期,其实就是脉冲星的自转周期。

如果有人想要去访问一下中子星,要想在中子星上着陆,将是永远不可能的事。由于中子星表面强大的引力,在一瞬间就会把人们坐的飞船和飞船中的一切都压碎成一摊糊状的亚原子粒子。中子星自转具有极其稳定的周期,因此,它被称为自然界中最精准的天文时钟。科学家们相信,未来中子星可以成为人类在宇宙航行的灯塔。

在 20 世纪 30 年代就有科学家预言了中子星的存在。1968 年 2 月英国剑桥大学的贝尔和他的导师休伊什联名在英国《自然》杂志上报告发现了一种新型天体——脉冲星，同时，科学家们通过计算发现，只有像中子星那样体积小、质量大、密度高的天体才有可能产生这样的脉冲强度和频率。由此，中子星才真正从假说变成了事实。到今天为止，科学家们已在宇宙中发现了 2000 多颗脉冲星。

对于脉冲星来说，由于它具有超强的引力场、电磁场和核密度，可以说它是极端物理的天然实验室。通过研究脉冲星的 X 射线辐射，人们将可以测量其表面的磁场强度，研究高密度、强磁场条件下物质的性质。

目前科学家在实验室能够制造出来的最强连续磁场约为 50 特斯拉，脉冲磁场约为 100 特斯拉［过去称为高斯（G），现在称为特斯拉（T），$1\,G = 10^{-4}\,T$］。由于中子星的表面磁场比地球上最好的实验室所能制造出来的最强的磁场强度至少高百万倍，强到使得它周围的真空都成为晶体。这样的物理规律是有理论预言的，但这个理论是对还是不对，需要通过观测来验证。另外，中子星可能是迄今为止人类已知宇宙中能量级最高的加速器，因此很多无法在地球上的加速器上开展的工作实验，可以通过观测中子星来研究。

我国在 2017 年 6 月 15 日发射的硬 X 射线调制望远镜"慧眼"（这个命名，寓意中国在太空"独具慧眼"，同时也为纪念推动中国高能天体物理发展的已故科学家何泽慧），能穿过星际物质的遮挡

"看"宇宙中的 X 射线。这颗"慧眼"的升空,将揭示宇宙中惊心动魄的图景。尤其是其高能望远镜的探测面积超过了 50 m^2,是国际上同能区探测器中面积最大的。由于"慧眼"具有较大的视场,所以巡天银河系是它最重要的使命。人们期望它能发现一些新的黑洞和中子星。

人们更期待"慧眼"有意外的新发现,因为人类至今已经探测到了几次引力波,科学家们想找到与这种引力波相对应的电磁波信号,但到 2016 年为止,科学家所发现的引力波还没有一种找到电磁对应体。如果只在一个波段观测,往往信息是不完整的,因此人们非常希望看到引力波产生时也有 X 射线、伽马射线或其他波段的信号,这些人们比较熟知的电磁波信号将能够帮助人们更好地认识引力波。如果能发现引力波的电磁对应体,可能将成为"慧眼"最令人振奋的科学成果。也许通过这个巡天望远镜,人们会发现预想不到的新天体。2017 年 8 月 7 日,LIGO 和 Virgo 捕捉到两个中子并合而产生的引力波信号,国际上的望远镜对其电磁信号进行了成功观测并找到了电磁对应体。而中国的"慧眼"和"AST3－2"成功参与了电磁对应体的观测。

从 1964 年美国探空火箭所携带的探测器发现的第一个黑洞(即天鹅座 X-1)开始,美国于 1977 年 8 月发射了第一颗高能天文卫星,1978 年发射了 HEAO-B,它带有第一个装在卫星上的成像 X 射线望远镜,到 2014 年美国科幻大片《星际穿越》描绘了黑洞的模样,人们对黑洞这个吞噬一切的神秘天体的探寻和想象从未停止。

中国发射的"慧眼"，实在是一台来之不易的太空望远镜，它凝聚了我国几代科学家的智慧与心血，它将带动中国天文学研究整体发展，实现空间科学的重大突破。

我国的"天眼"是当今世界最大的一流的有着 500 m 口径的球面射电天文望远镜，其接收面积相当于 30 个标准足球场，它可以窥探星际之间互动的信息，观测暗物质，测量黑洞质量，甚至搜寻可能存在的星外文明。既然有了"天眼"又何必再发射"慧眼"？这就是局外人所不了解的。因为探测宇宙中的硬 X 射线对人类了解黑洞等致密天体的活动，揭示宇宙的奥秘非常重要。硬 X 射线不能穿透地球大气层，因此，探测黑洞、中子星等天体发出的硬 X 射线的重要任务就只有利用"慧眼"飞出大气层去完成。

"慧眼"由长征四号乙运载火箭送入 550 km 的近地圆轨道，实际上它是一座小型空间天文台。它可以扫描银河系，监视恒星爆发，测量黑洞质量，并希望能对银河系中的黑洞和中子星做出比较详细的普查。对其做适当的调整，它还可以用来观测宇宙中的伽马射线暴。

总的说来，我国的"慧眼"在未来的几年时间里，可以"扫描整个银河系，对大天区进行巡视，发现新的高能天体；也可以"凝视"，即对几十个经典的 X 射线源进行长时间的定点观测；测量一批黑洞的质量和参数，以及中子星表面的磁场强度、质量和半径，为甄别黑洞形成和中子星内部性质的理论模型提供依据。

借助于"慧眼"的伽马射线暴工作模式，人们能获取新的伽马射线暴及其他剧烈爆发现象,这些将帮助人类进一步理解高能天体剧烈爆发的基本属性,研究宇宙深处大质量恒星的死亡以及中子星合并等过程中的黑洞形成。

黑洞是人们看不见的天体,人们研究它,一是靠强引力所导致的时空扭曲来感知它;二是看星星围绕着谁在运动,因为在大多数情况下星系的中心都存在一个大质量黑洞;三是黑洞吞噬恒星物质时,这些物质会被黑洞巨大的引力撕成气体,形成一个吸积盘而发出极强的 X 射线,从而可以推断黑洞的存在。另外就是利用引力波探测。

2017 年 6 月,美国激光干涉引力波天文台(简称 LIGO)宣布,他们第三次探测到了一个由双黑洞合并成的天文奇观。这两个黑洞:其中一个的质量约相当于 32 个太阳的质量,另一个的质量约相当于 19 个太阳的质量,它们距人类居住的地球约 30 亿光年。

该天文台报告称:2017 年 1 月 4 日,这个双黑洞合并时产生的引力波抵达地球时,以 3 毫秒之差被 LIGO 设在两个不同地点的引力波探测器收到。这个双黑洞合并后的总质量约相当于 49 个太阳的质量,约有 2 个太阳的质量以引力波的形式释放出来。

黑洞、中子星碰撞时可能产生引力波。100 年前爱因斯坦的广义相对论就预言了引力波的存在,但长期缺乏实验证据。

LIGO 的成功探测被认为是物理学和天文学的重要里程碑。之前人们对宇宙的所有了解几乎全来自于光。而今,引力波观测已经成为人类认识宇宙中的奇异天体和宇宙中发生的剧烈事件的一种重要的工具。

（六）

几何物理是一家

　　天文学长期以来一直在促进数学的发展，有一个时期，"数学家"的称呼指的就是天文学家。哥白尼既是天文学家也是数学家。17世纪，伽利略创立动力学，开普勒宣布他的行星运动三定律，笛沙格和帕斯卡开辟了纯正射影几何，笛卡儿创立了现代解析几何学，费马为现代数论奠基，惠更斯在概率论及其他领域做出了杰出的贡献。在17世纪大批数学家做好了准备的基础上，牛顿和莱布尼茨创立了微积分这一划时代的勋绩。

　　现代科学精神是实验和理论的和谐。这首先应归功于伽利略，他创立了自由落体的力学定律，并为一般动力学奠定了基础。据此，后来的牛顿才有可能建立这门学科。谁也不会想到公元前3世纪希腊人发现的圆锥曲线，在2000年后开普勒竟然会把它用来描述天体中行星运动的轨道。牛顿最主要的著作《自然哲学的数学原理》中，第一次有了地球和天体主要运动现象的完整的动力学体系和完整的数学公式。事实证明牛顿的这部著作是在科学史上最有影响，也是荣誉最高的著作。在爱因斯坦的相对论出现之前，整个物理学和天文学都是以牛顿在这部著作中所做出的一个特别合适的坐标系这种假定为基础的。

　　19世纪，数学沿着两个显然相反的方向迅速成长。它把微积分这个工具改进为严格的分析体系,使数学、物理中强有力的理论成为可能;这些理论最终导致了量子力学、相对论的诞生,从而使人们对物质和空间的基本性质有了更深入的了解。例如,非欧几何纯粹抽象的研究导致爱因斯坦相对论所必需的模型的产生。正如怀特黑德所说:极端的抽象是真正的武器,用以控制对具体事物的思维。这个似乎矛盾的说法,现已完全成立。

彭罗斯在《宇宙几何学》中说明了非欧几何可能是宇宙的"真实"模型。20 世纪 70 年代,霍金与彭罗斯一道证明了著明的奇点定理,之后霍金还证明了黑洞的面积定理。

2000 多年来,数学以两种不同的风格,向着抽象化、一般化、统一化、多元化的方向发展,数学越来越成为社会实践和科学研究中不可缺少的重要工具,有人甚至认为数学是探索自然奥秘,打开科学宝库的"一把钥匙"。

数学大师陈省身曾经说过,数学能够超前描述客观世界的理由在于"科学本身的整体性"。他在一次数学演讲中谈道,场论与微分几何是不能分开的。场论的开拓人是黎曼,引入了一个很重要的概念——流形(manifold)。空间有三个坐标,黎曼认为有时候你要讨论这种空间,它的坐标可以允许交换,不一定是长、宽、高等,也可以是任意的函数。这个空间的坐标可以经过任何一个可微分的变换,这样的空间叫作微分流形。这是数学上的一个革命性的演进,一般人要想理解它还是一件比较困难的事。

爱因斯坦于 1905 年发表狭义相对论,到 1916 年才发表广义相对论，把引力的观念建立在黎曼几何的基础上。引力场是一种黎曼度量，爱因斯坦认为时空的坐标没有几何意义不能习惯，所以一直研究到后来觉得非要用微分流形的观念不可。结果微分流形的观念就成为广义相对论的基础工具。因为在任意曲线坐标中来研究四维几何的一般张量分析这种数学工具，可以用来满足爱因斯坦广义相对论中的广义协变的要求。也就是说，利用张量分析，人们就可以将物理定律表达成为在任何参考系中都一样的数学形式。

杨振宁的伟大贡献就是 Yang－Mills 方程，把一维的纤维丛推广到二维。这是很了不起的推广，在物理上有重要的应用。众所周知，引力场、电磁场、强场、弱场都是规范场，但是规范场的数学基础是出现在杨振宁的贡献之前。Yang－Mills 方程的理论是非交换的规范场理论的第一个例子。这些理论的几何基础是带有西连络的复平面丛。统一所有场论的研究工作近年来已集中到一个规范理论上，也就是一个以丛和连络为基础的几何模型。

丛、连络、上同调、示性类这些概念都是数学中十分精深的概念，在几何学中它们都是经过长期的探索和试验才定形下来的。杨振宁对这些概念出现在几何学中，感到十分惊奇和不理解，杨振宁说："非交换的规范场与纤维丛这个美妙的理论——数学家们发现它的时候并没有参考物理世界（即并非通过实体，而是头脑思维的创造）——在概念上的一致，对我来说是一大奇迹。"

1975 年，杨振宁对陈省身讲："这既是使人震惊的，又是使人感到迷惑不解的。因为你们数学家是没有依据地虚构出这些概念来的。"这种迷惑是双方都有的。事实上,有人谈起数学在物理学中的作用时,曾说过数学的超乎常理的有效性。还是数学大师陈省身说得好,如果人们一定要找一个理由的话,也许可以使用"科学的整体性"这个含糊的词儿来表达。大数学家韦尔也曾说过:数学工作正像语言或音乐一样,是人类的一种创造性活动,本质上是独创的,因此,不可能使它完全而客观地合理化,这大概是历史的决定吧。

1943 年,陈省身被邀请到美国普林斯顿高等研究院去做研究工作,他发表了许多微分几何的开创性成果,被大数学家 A.韦依称赞为:"开创了微分几何的新纪元。"综合陈省身在数学上的业绩和贡献,杨振宁写了一首《赞陈氏级》的诗:

> 天衣岂无缝,匠心剪接成。
>
> 浑然归一体,广邃妙绝伦。
>
> 造化爱几何,四力纤维能。
>
> 千万寸心事,欧高黎嘉陈。

注:"欧高黎嘉陈"即欧拉、高斯、黎曼、嘉当和陈省身。将陈省身与世界历史上公认的四位几何大师并列,足以说明陈省身在数学上的伟大贡献。

谈到数学,令人难以忘怀的是陈景润院士对哥德巴赫猜想的验证,即陈氏定理"1+2"。作为一流的学者,陈景润与英国的宇宙学家霍金确有很多相似之处和可比之处,他们两位都是当今世界一流的学者,他们两位都具有十分传奇的色彩,而且其病弱的躯体和天才的头脑又恰巧形成了十分鲜明的对比，给人们留下了十分深刻和难忘的印象。因此，霍金的《时间简史》和陈景润的《大偶数表为一个素数及一个不超过二个素数的乘积之和》（简称"1＋2"），都令人津津乐道，家喻户晓，受人们称赞与喜爱，也深受媒体的关注和追捧。

陈景润 1933 年 5 月 22 日出生于福建省今福州市郊，1996 年 3 月 19 日病逝于北京。他于 1980 年当选为中国科学院院士，他除了辉煌的"1＋2"之外，在圆内整点、华林问题、殆素数分布等问题上，至今仍保持国际领先地位，他的陈氏定理"1＋2"于 1982 年荣获第二届全国自然科学奖一等奖。在数学史上，陈景润的辉煌成就，将永放光芒。他一生劳累多病，英年早逝。1996 年 3 月 19 日，贵州省数学学会专程派人到北京参加陈景润院士逝世后召开的悼念大会，在会上敬献花圈的挽联上，写下了 28 个醒目大字：

> 景色壮观耀数苑，
>
> 润泽华夏无所求；
>
> 永为数坛一贤圣，
>
> 生命融于猜想中。

这是一首藏头诗，意为"景润永生"。

华罗庚教授对陈氏定理"1＋2"的评语是："1＋2 的证明真是令我此生中最为激动的成果！"

中国科学院王元院士对"1＋2"的评语是：数学的研究，本来就是在挑战人类智力的极限，而中国的数学家们愿意这样说：陈景润是在挑战解析数论领域 250 多年智力极限的总和!

　　霍金先生出生于 1942 年,1962 年毕业于英国牛津大学,当彭罗斯在 1965 年创作其有关黑洞的定理时,霍金还是剑桥大学的一名博士研究生,后来与彭罗斯一道合作发表论文,此论文证明了:假设广义相对论是正确的,而且宇宙包含着我们观测到的这么多物质,则宇宙过去一定有过一个大爆炸奇点。1973 年,霍金考虑黑洞附近的量子效应,发现黑洞会像黑体那样发出辐射。这个发现意义很大,因为它将引力、量子力学和热力学统一了起来。后来霍金又开创了引力热力学,到 1980 年,他的兴趣转向了量子宇宙学的研究,量子宇宙学在于它能真正使宇宙论成为一门成熟的科学。霍金的一生极富传奇性。他是历史上最杰出的一位科学家,而他做出的贡献又正是在他被肌萎缩性侧索硬化症禁锢在轮椅上的情形之下所做出来的,这是令人称奇的,真正是空前的。霍金的贡献对于人类认识宇宙的观念有着极为深远的影响,因而名震天下。20 世纪 80 年代,他担任了剑桥大学卢卡斯数学教授(这一个职位过去曾经由著名的科学家牛顿担任过)。霍金先生被推崇为继爱因斯坦之后最杰出的理论物理学家和宇宙学家。

　　陈景润与霍金这两位科学界的奇人,有一些非常相似之处,就是他们所研究的东西都比较抽象,但其结论却往往通俗易懂。因为哥德巴赫猜想和一些数论问题可以对每一个中学生都能讲清楚,而且许多学生也十分感兴趣;对学好数学和学好科学知识,培养学习兴趣都是十分有益的。在《时间简史》中,霍金对天体演化宇宙学、天文学等物理学现代理论做出了一些非常出色和生动的描写，正如人们称赞的："它是当代物理学有关宇宙组成、创生和演化的权威总结"。虽然不像"1＋2"那样人人能懂，但由于举例生动，以及书中还附有240多幅彩色插图增添情趣，让非专业的读者也能对其产生十分浓厚的兴趣，因此此书成为当今世界畅销的著作之一，其发行量已超过2000万册，成为国际出版史上较牛的一本书，堪称世界科普著作的里程碑。

数论和宇宙学，"哥德巴赫猜想"和"黑洞"究竟是否存在，现在人们对其研究的劲头正甚，不知何年何月才能弄个水落石出。但是这两门学问（数论和宇宙学）就是这样在专家和群众之间保持着张力，使得学校教育很容易引入。培养孩子对科学神秘性的向往，这两门学问是最好的切入口。

第二部分

《时间简史》问题选注

（一）

爱因斯坦相对论简介

（1）"狭义相对论"

1905 年爱因斯坦发表的一篇著名论文中指出：只要人们愿意抛弃绝对时间观念，整个以太的观念则是多余的。由于经典力学定律只适用于宏观低速世界，爱因斯坦对其修正以后，发现了高速状态下物体运动的规律，从而导致相对论的产生。

爱因斯坦在 1905 年提出了两条假设，作为狭义相对论的基本原理。

第一条：相对性原理。爱因斯坦认为相对性原理是世界上自然界中的一条普遍原理。在所有惯性系中，不但力学定律成立，而且电磁定律、光的定律、原子物理定律以及其他物理定律应当同样成立。简而言之，即物理定律在一切惯性系中都是一样的。由此，我们就不可能决定哪一个参考系是"绝对静止"的，因而"绝对"参考系是不存在的。

第二条：光速不变原理。即在任何惯性系中，光速都相同。

由于以上两条基本原理所涉及的内容只限于惯性系中的物理定律，即只涉及一类特殊的参考系，这些参考系在相对做匀速直线运动。因此，相对论的这一部分内容称为狭义相对论。

根据两条基本原理可以推出在相对做匀速直线运动的两个坐

标系里空间坐标和时间坐标的变换关系。这个变换关系是由荷兰物理学家洛伦兹推出的（后面将做介绍）。爱因斯坦应用洛伦兹变换的既定成果得到了一些实验的巧合。对此科学界尚存在的关于狭义相对论的两条基本原理的许多争论，也因为洛伦兹变换的应用描述，解决了一些"怎么样"的问题。

洛伦兹为了解释迈克尔逊-莫雷实验，调和了电动力学和牛顿力学的矛盾，假设观测者相对以太运动，以太在相对运动方向的长度发生了收缩。而爱因斯坦摒弃了以太这种特殊的"物质"，认为洛伦兹变换是时空变换的自然结果。所以"时空佯谬"其实没有问题，不存在错误。在处理没有引力的平直时空问题时，狭义相对论是正确的理论。

简而言之，相对论就是现代物理学的时空理论，也可以说相对论是运动物质空间和时间关系的一种学说。在此之前，存在着与欧几里得、伽利略和牛顿这些名字相联系的时空理论。人们首先假设空间是三维的，并且遵从欧几里得几何（其原理可以看成刚体空间性质的合理数学抽象）。除了三维空间流形之外，人们还考察了当时认为与空间无关的一维流形——时间。而时间这个概念是由于研究物体运动而明确起来的。

人们可以根据物理学的历史发展来评价过去的时空理论。由于欧氏几何是如此的准确，以至于它独自统治了科学界2000多年。直到非欧几何的出现，人们才对欧氏几何在物理空间的适用性提出怀疑。而建立空间和时间的密切联系是爱因斯坦相对论的功绩,但是洛伦兹变换为相对论做了准备。

相对论采取了旧理论的一些基本原理,没有加以改变,这些原理就是:欧氏几何对空间的正确性;牛顿第一定律和广义伽利略相对性原理。而广义相对性原理是说:"整个封闭物质内部的匀速直线运动,并不影响在系统内部发生过程的进行。"这句话表明相对论不仅适用于力学过程,也适用于封闭系统内部的所有其他过程(其中包括电磁过程)。相对论把这些原理与"光速不变原理"结合在一起,根据光速不变原理,光速与光源无关。

相对论的基本原理,可概括为相对性原理和自由空间中光波波阵面传播定律的结合。

若 $w(x,y,z,t)=$ 常数,是运动着的波面的方程,则光波波阵面传播定律具有下列形式:

$$\frac{1}{c^2}\left(\frac{\partial w}{\partial t}\right)^2 - \left[\left(\frac{\partial w}{\partial x}\right)^2 + \left(\frac{\partial w}{\partial y}\right)^2 + \left(\frac{\partial w}{\partial z}\right)^2\right] = 0 \qquad (1.1)$$

这个定律是从电磁场(麦克斯韦方程)推出的。根据相对论,无论是哪一种作用(包括重力作用)的传播,都有一个极限速度,而这个极限速度等于自由空间中的光速。

方程(1.1)也可以说是相对论的基本假设。虽然它是从麦克斯韦方程推出的,跟光波的特性没有关系,但是有着普遍的性质,不论是哪种性质的波阵面以极限速度传播,这种传播都与方程(1.1)有关。这个假设的一切推论完全为实验所证实。这个方程也表达着空间和时间的性质。

相对论建立了空间和时间的密切联系,这是相对论的基本的原则性意义。相对论加之于物理定律、公式等的那些普遍要求即方程协变性的要求,就是这种联系的反映。而方程协变性的一般形式,是应用特殊的数学工具,即四维时空流形中关于矢量和张量计算(以及旋量计算)而得到的。

在狭义相对论中,因为伽利略变换不再成立,此时,不论是长度,还是时间间隔,都依赖于物体或过程对参考系统的关系。相对论认为,相对于低速或静止的参考系统,在高速运动着的参考系统中,同一过程将较慢地进行,而长度会沿运动方向缩短(即所谓的洛伦兹收缩)。出现这种现象的原因是客体对参考系统的关系发生了变化。应该强调指出,物体或过程对参考系统的关系是客观的(不以人们的主观意识为转移),就跟物体的一切物理性质和其他性质一样。

另外,还有"同时"性概念也是相对的,两件事情发生的先后或是否"同时",在不同的参考系看来是不同的。

因为运动物体的长度,是该物体的两端在同一时刻的位置之间的距离,所以同时性概念的相对性显然将导致长度的相对性。

运动物体在其运动方向上的长度要比静止时缩短。与此相类似,运动的时钟,要比静止的时钟走得慢。如果我们将一把 20 cm 的尺子和一个时钟放到一个接近于光速的火箭上(这只是一种设想,因为现在的火箭速度比光速还相差很远),则火箭上的尺子长度比地面上的尺子长度变短了,火箭上的 1 h 比地面上的 1 h 变长了(即时间变慢了)。

爱因斯坦正是根据真空中光速不依赖光源与测量者的相对运动而改变的物理实验(即迈克尔逊和莫雷于 1887 年所做的著名的迈克尔逊-莫雷实验)的事实,突破过去低速运动所概括出来的物体运动规律和时间、空间的概念,提出了狭义相对论。

在此我们可以说,伽利略相对性原理是一种相对真理,而爱因斯坦的相对论则是进一步的相对真理。在高速运动情况下,古典理论不适用时,相对论仍然可以适用。

由于狭义相对论的应用范围,仅限于惯性系,这是该理论的很大局限。另外,狭义相对论还回避了万有引力。这是因为按照牛顿第二定律,只要对物体长时间施加足够大的力,任何物体都能加速到大于光速,这明显与相对论矛盾。又如坐标、时间按洛伦兹变换时,牛顿动力学方程不具有不变性,即不再遵从相对性原理。爱因斯坦充分意识到上述不足之处,经过十年的研究,把相对性原理推广到一切参考系,将引力理论也纳入相对论,成功地建立了广义相对论。

(2)"广义相对论"

它也包括两条基本假设:

第一条:等效原理。在局部范围内,引力场与惯性力场等效。即一个存在着引力场的惯性系和另一个加速运动的非惯性系比较,并没有什么本质的区别,这一原理就叫作等效原理。

第二条:广义协变原理。(也称广义相对性原理)

狭义相对论要求物理定律在所有惯性系中都一样,现在广义相对论放弃了惯性系的概念,而认为一切参考系都适合表达自然规律。这是否可以认为物理定律在一切参考系中都是一样的呢?还不能这样说。例如,用太阳作为中心参考系表达行星运动的情况,不可能和以地球为中心参考系表达的一样。因此,不同的参考系不可能把物理定律表达成完全一样。

但是利用一种特殊的数学工具,叫作张量分析,就能够把物理定律表达成在任何参考系中的数学形式都一样。这种在各种参考系中都一样的数学形式叫作协变形式。因此,广义相对性原理也可以这样叙述:物理定律在一切参考系中是协变的。

在广义相对论的数学表达式中,任何质量都使它周围的空间区域产生"弯曲",爱因斯坦的引力场方程则直接把引力场空间曲率大小与引力场源强度(质量大小)联系起来,使用四维时空黎曼张量表示出来:

$$R_{ik} - \frac{1}{2} g_{ik} R = \frac{8\pi K}{c^2} T_{ik} \qquad (1.2)$$

这个方程是广义相对论的基本方程。其中:$R = R_{ik} g_{ik}$;R 是缩并曲率张量,它由度量张量 R_{ik} 的分量及其对坐标的一阶和二阶导数表达出来;T_{ik} 是物质的能量(称为冲量张量),它的分量由表征物质特性的量(如密度、压力等)以确定公式表达出来。此方程对于未知量 g_{ik} 是非线性方程,这里 K 为引力常数:

$$K = 6.67 \times 10^{-8} \mathrm{cm}^3 \cdot \mathrm{g}^{-1} \cdot \mathrm{s}^{-2}$$

在速度很小的场,引力很微弱的极端情况下,上述的爱因斯坦基本方程,可以近似地化为牛顿理论的方程。同时可以证明度量张量的分量 g_{ik} 与牛顿引力势 φ 存在着如下关系:

$$g_{ik}=g_{44}=1+2\varphi/c^2$$

再经过适当忽略,上述基本方程还可化为:

$$\Delta\varphi=4\pi K\rho$$

(这里 ρ 代表质量密度,Δ 是拉普拉斯算子)

简而言之,爱因斯坦的引力场方程,使用四维时空黎曼张量表示出方程:

$$时空几何量＝物质的物理量$$

此式充分表达了时空和物质的统一。方程形式简明,内容丰富,由它可以推出广义相对论(包括狭义相对论)的全部内容。鉴于后面涉及许多高深数学知识,所以我们只简单介绍至此。

＊关于广义相对论的一些预言及其验证简单介绍如下:

①爱因斯坦预言光线在引力场中会弯曲。一束通过太阳表面附近的星光,受到太阳的引力作用,会有 $1.75''$ 的偏转角。英国天文学家预先计算得知,1919 年 5 月 29 日地球上将有两个地方发生日全食,就组建了观测队伍到这两个地方进行观测,拍摄日全食时太阳附近的星空照片,与平时这个天区的星空照片比较,就得到了光线弯曲的值。当年及后来日全食研究所得的结果,都与理论值符合得相当好,证实了这一预言。

②广义相对论提出并解释了牛顿力学无法解释的水星近日点的

旋进。现在,其他离太阳较近行星近日点的旋进也被观测到,所得的观测值与理论值符合得也相当好。如水星理论值为 43.03″/百年,而观测值为(43.11″±0.45″)/百年。

③广义相对论还预言,光在引力场中传播时,光的频率、波长会发生变化。具体来说,即引力场强度较大处,原子辐射出来的光,与地球(引力场强度小)上同类原子辐射出的光相比,频率较小,波长较长,这种现象叫作谱线的引力红移。通过对白矮星(引力场强度较大)光谱的观测,观测结果说明红移结果与理论计算相符合。根据这一效应,不难推知,在引力场强度大处,所有的(原子)时钟都会变慢。例如,计算表明,将两个完全相同的时钟放在地面上高度相差 1 m 的地方,低处的时钟应慢 10^{-16} s。1960 年以后,利用穆斯堡尔效应实验装置,已经能用地上的实验证实这一预言。

④广义相对论又预言,从地球发射电磁波脉冲到其他行星,经反射返回地球,电磁波在往返途中,如果经过太阳附近,就会受太阳较强引力场作用,回波将会略有延迟,这种现象叫作雷达回波延迟。如果经过水星,最大延迟时间可达 240 μs(1 μs＝10^{-6} s)。现代已可用人造天体进行实验,观测结果同样证实了这些预言。

⑤广义相对论的另一个预言是黑洞的存在。凡是质量大于 1.6 倍太阳质量的恒星,在其热核燃料耗尽后,因其质量大,引力作用大,恒星晚期爆炸后,内部物质会更加急剧地坍缩下去,形成密度极大的坍缩星,即黑洞。黑洞所发出的光全都不能逃离。若要使我们的太阳成为黑洞,半径必须小于 3000 m。这种临界半径,叫作史瓦西

半径。实际上,具体可以用 GM/c^2R 标志引力场的强弱,$GM/c^2R \approx 1$ 为强场条件,$GM/c^2R \ll 1$ 则是弱场。对于地球、太阳,甚至银河系,GM/c^2R 都远小于 1,所以牛顿引力论能够适用。而黑洞中心有无限大的密度,形成极强引力的点,称为奇点。这个纯理论的产物令人称奇,至今尚无实证,但一般人认为如像天鹅座 X-1 等,非常可能是黑洞。

广义相对论再一个预言是,对于一个被加速运动的质量应当发射引力波。尽管因为微弱,检测异常困难,但是现今已经研制出来了灵敏度足够检测距离最近的超新星引力波的探测器。引力波的检测,也是目前研究的热点之一。

由于宇宙并非在每一个方向上,而是在大尺度的平均上完全相同。在不同的方向之间有一些小变化。1992 年宇宙背景探测者,或者称为 COBE,首次检测到微波在宇宙各个不同方向的辐射(即检测到微波在不同方向之间产生的一些微小变化),其幅度大约为十万分之一(即微波背景辐射随方向的非常微小的变化)。

关于这种微波辐射被检测到的一种见解是早期宇宙一定是非常密集的、白热的,我们仍然能看到早期宇宙的白热,是因为从非常遥远的星体射来的光,是几十亿年前发生的,现在才到达地球上我们这儿。因为宇宙膨胀把光红移得非常厉害,以至于现在只能作为微波辐射被我们观察到。

过去人们一直认为,广阔的星际空间是广袤无垠的空虚,不可能有能量辐射,温度只能是绝对零度(即 -273 ℃)。自 1965 年以来，人们在微波波段探测到了具有热辐射性质的背景辐射，相应的温度大约是 3 K。也就是说，天体和天体系统所在的周围环境也有能量辐射。

（二）

量子力学简介

量子力学与相对论这两门学科主宰了 20 世纪自然科学的研究方向,被称为自然科学理论的第二次革命(牛顿经典力学体系的建立,被人们称为自然科学的第一次革命)。

今天,科学家按照广义相对论和量子力学的部分理论来描述宇宙。它们是 20 世纪上半叶人类大的智慧成就。

量子力学所研究的对象是微观粒子(如电子、原子、分子等)的运动变化规律。

20 世纪以来,人们发现了大量新的实验事实。例如,过去人们认为光是电磁波,具有波动性。但后来发现在光电效应等现象中,光却显示出粒子性;后来又发现,原来认为只有粒子性的实物粒子,如电子等,也能发生衍射现象,这表明实物粒子也具有波动性。以上事实说明,微观粒子不仅具有粒子性,同时还具有波动性,所以人们称这种性质为“波粒二象性”。

回顾历史,波和粒子这两个概念,在经典物理学中是截然不同的。说到粒子,首先是指它具有不被分割的整体性,或者说粒子具有完全的定域性,原则上可以无限精确地确定它的质量、动量和电荷。并且在一定条件下,总可以把粒子视为“质点”,只要知道它的初始位置和速度,原则上就可以用牛顿力学完全描述它未来的位置和速度。说到波,总是意味着某种实际的物理量在空间分布做周期性的变化,即波具有空间的不定域性。对于理想的波,原则上可以精确地测定它的频率和波长,它在空间上就必须是无限扩展的。波动性在物理测量上的实际表现,在于呈现干涉和衍射现象。

经典的波和粒子这两个概念是永远无法同时使用的,我们不能同时用波和粒子这两个概念去描述同一现象,在逻辑上是不可能的。但实际上,历史的发展却表现出光既具有波动性,又具有粒子性,这种双重性称为光的波粒二象性。

波粒二象性是微观粒子的基本属性之一,量子力学就是关于微观粒子的波粒二象性的理论,它以波粒二象性为出发点,建立了一套新的理论体系。海森伯的不确定性原理则是波粒二象性的数学表述(人们也称它为"测不准原理")。事实上,不确定性原理揭示的是一条重要的物理规律:粒子在客观上不能同时具有确定的坐标位置及相应的动量。因而,"不能同时精确地测量它们"只是这一客观规律的必然的结果。其重要性在于指明了经典力学概念在微观世界中的适用程度。

在量子力学中,用以描述微观粒子运动状态的基本规律,是物理学家薛定谔(1887—1961年)所建立的薛定谔方程。它在量子力学中的地位大致相当于牛顿运动定律在经典力学中的地位。量子力学有两种形式:一种就是上述的物理学家薛定谔,在法国物理学家德布罗意提出的物质波理论的基础上建立的波动力学;另一种形式是由海森伯(1901—1976年)、玻尔(1885—1962年)等人建立的矩阵力学。进一步的研究表明,波动力学和矩阵力学两者是等价的。后来人们统称其为量子力学。

量子力学在低速、微观的物理现象范围内起着普遍作用,经典力学是量子力学的极限情况。量子力学的建立大大促进了原子物理、固体物理、原子核物理等学科的发展,标志着人类认识自然实现了由宏观世界向微观世界的飞跃。

经典力学是用位置和动量来描述运动的。知道粒子在某一时刻的位置和动量,就可以求解运动方程,得出任何时刻的位置和动量。这称为经典物理中的"决定性观点",或者说它满足"严格的因果律"。它在宏观世界,例如对天体物理,对人造卫星的运动规律的描述,都获得了巨大的成功。但对于微观粒子,由于波粒二象性,我们不能同时确定它的位置和动量,不能比海森伯不确定性原理所允许的范围更准确。结果人们只能预言这些粒子的可能行为。

（三）

原子核物理学与基本粒子物理学简介

原子核物理简称"核物理"，它是研究原子核的结构、性质及其相互转化规律的一门学科。

人们对物质内部结构的认识，在 20 世纪之前只限于原子，认为原子是物质结构的最小组成部分（也称为物质的基本构件），它不可能再分了。19 世纪末到 20 世纪初，由于生产实践的发展，人们认识到原子是由原子核和围绕原子核运动的电子构成。原子核很小，半径约为 10^{-13} cm。人们一般把这样大小的粒子称为微观粒子。这种很小的粒子（原子核）也有内部结构。原子核由质子和中子构成。质子是一个带正电的粒子，其电荷量与电子所带电荷量相同，但质量为电子的 1836 倍（电荷的最小单位称为电子，汤姆逊把相对原子质量为 1/1840 带有负电荷的粒子，命名为电子）。中子不带电，其质量为电子质量的 1838.6 倍。质子和中子统称核子。原子核外散布着带负电的电子，原子质量的绝大部分是原子核的质量，原子核质量占整个原子质量的 99.97%，而太阳占整个太阳系质量的 99.87%。

因为原子这个电子绕核旋转的系统非常像太阳系，所以人们自然会设想，已经明确建立起来的、决定行星绕太阳运动的天文定律，也同样会支配着原子内部的运动。实际上这是错误的。因为根源在于原子内部的电子与太阳系中的行星不同，它们是带电的。因此，在绕核做回旋运动时，它们会像任何一种振动或转动的带电体那样产生强烈的电磁辐射。

谁能保证用来解释天体和一般大小的物体运动的定律，同样能适用于电子的运动呢？

原子核里的核子间结合得非常紧密，使核子紧密结合的力称为核力。核力是核子间所特有的一种强相互作用力。这种力在宏观领域里没有见到过。核力的特点是强度大，作用范围却相当小，它只在十亿分之一厘米的范围内起作用。超过这个范围，核力便很快减小，不起作用。

从微观的角度来看，原子是物质结构的第一层次。原子又是由原子核以及核以外的电子所构成，这是物质结构的第二个层次。而原子核又由质子、中子构成，现在人们把原子核次一级的小粒子，如质子、中子、光子等统称为基本粒子，它们是物质微观结构的第三个层次。

研究基本粒子内部结构及其转化的科学，就是基本粒子物理学。因为需要极大的能量才能改变基本粒子的状态，所以基本粒子物理学又叫高能物理学。这门学科是在 20 世纪 50 年代才开始的。

目前，人们已经发现的基本粒子共有 400 多种（而已知稳定的粒子约 50 多种），这些粒子性质各不相同，有的带正电，有的带负电，质量大小也不一样。而且它们多数是不稳定的，千变万化的。

但是大体上可将其分为三大类:第一类称为媒介子,能传递粒子间相互作用,包括传递电磁作用的光子,传递强作用的胶子,传递弱作用的 $W^{\pm}$,Z^0 粒子;第二类称为轻子,包括电子、μ 介子及其中微子,还有新发现的重轻子——J 轻子,这些粒子具有电磁作用和弱相互作用;第三类称为强子,包括质子、中子、π 介子以及近年来发现的新强子。这一类粒子数目最多,它们既有强相互作用,又有电磁相互作用。

由于基本粒子很小,人们既看不见它,更摸不着它,研究这类微观世界的物质现象和规律只有靠特殊的方法。物理学家是用高能粒子做"炮弹"去轰击基本粒子,来研究其内部结构及规律的。过去研究原子的结构时,就是采用这种方法。不过研究原子的结构时,变革原子所需要的能量比较小,通常用 10 eV(1 个电子电荷通过 1 V 电位差时,电场所做的功)左右的能量就能够把原子外层的 1 个电子打掉,使原子"电离"。所以,从这一点来讲,可以把原子物理叫作"低能物理"。研究原子核的时候,变革原子核所需要的能量就比较高了,要从原子核里打出一个质子,大约需要 800 万电子伏特的能量,比从原子外层打掉一个电子所用的能量高 80 万倍。所以通常把原子核物理叫作"中能物理"。而研究基本粒子所需要的能量,比变革原子核所需要的能量就更高了,因此把基本粒子物理学叫作"高能物理"。

轰击基本粒子的"炮弹"(即高能粒子)从何而来呢? 有两种来源:一种是用人工的办法产生;另一种就是利用天然的高能粒子。

天然的高能粒子来自宇宙射线,用其中的高能粒子来变革基本粒子,研究基本粒子的结构,是高能物理的一个重要组成部分,称为宇宙线物理。中国在云南的一座海拔 3180 m 的高山上,于 1953 年修建了一座宇宙线实验室,装备了两台云雾室。1965 年,在海拔 3200 m 的云南东川地区又建立了高山大型云雾室组;1972 年,该处发现了一个可能的重粒子(质量比质子质量大 10 倍以上),引起了国际上的高度关注。1977 年,中国又在西藏一座海拔 5500 m 的高山上建立了乳胶室群,为中国在乳胶室超高能相互作用的研究方面赶超世界水平打下了基础。利用太空来的宇宙线有一个优点,就是它能提供很高能量的粒子,宇宙线中大部分的粒子具有几亿甚至几十亿电子伏特的能量,少数粒子还具有更高的能量,曾经有人在宇宙线中探测到能量为 10^{21} eV 的高能粒子。与此对比,目前欧洲核子中心的大型对撞机(LHC)能够产生的高能粒子的能量,最高也不过 $7×10^{12}$ eV。但宇宙线的缺点是,高能粒子数目太少,例如在 1 m^2 的面积上,能量为百万亿电子伏的粒子,每小时大约也只有 1 个从宇宙空间射向地球大气层表面。

　　宇宙线粒子很小,能量高,它们以接近光速的高速度飞行,因此,人们肉眼无法直接看到。科学家是利用宇宙线粒子与物质作用的次级效应,制造的一种专门探测仪器(如盖革计数器、云雾室、核乳胶等探测器),来间接探测宇宙线粒子的"足迹"。早在 20 世纪 30～40 年代,人们在宇宙线中就相继发现了正电子、μ 介子、K 介子、Λ 超子、Σ 超子等基本粒子。但是由于高能粒子太少,又不能人工制造，人们还不能支配宇宙线中粒子的种类、数量和能量，只能"靠天吃饭"。为了对基本粒子现象做定量的精确研究，光靠宇宙线就不够了，必须用人工方法，在实验室中产生出高能的粒子流，从而导致了高能粒子加速器的产生。

一般用人工产生高能粒子的方法是：利用电磁场的作用，在高能加速器中把带电粒子加到极高能量，这样得到的粒子数目比从宇宙线中得到的多，而且可以人工控制，也方便做精密的研究。

用高能粒子轰击基本粒子，会产生出各种新的基本粒子来。研究这些新产品就可以弄清基本粒子的结构及其相互作用和转化的规律。基本粒子很微小，人们肉眼看不见，必须用仪器来探测。这种探测或辨别各种粒子的仪器叫作高能探测器。在实验中，靠高能探测器来记录和分辨变革后产生的粒子及其性质。因此提高高能探测器对各种粒子及其性质的记录和分辨能力，并加以改进和创新，是发展基本粒子物理研究的重要环节。

高能物理实验所取得的数据，数量是很大的。分析和处理这些数据的工作，就显得十分繁重，现在一般采用电子计算机处理数据。

探索基本粒子内部更深层次的结构及其规律，是高能物理研究的一项重要任务。中国科学工作者于 1965—1966 年提出了"层子"模型，认为强子是由更深的物质（或更小的物质）层次即层子（国际上称为夸克）构成的，而层子本身也是可分的，此项工作受到国际上的重视。后来国际上又发现了一种新的粒子称为胶子，它有很强的力量把层子和层子"粘"在一起。美籍华裔科学家丁肇中领导的高能物理实验小组，在德国汉堡的一台高能加速器上，首次找到了胶子存在的实验证据，这给强子是由层子（夸克）组成的理论以新的支持，从而使人们对研究量子色动力学的信心大为增强。

高能物理是人类认识自然界的一门重要学科。从历史情况看，19世纪末到20世纪初，人类认识了物质微观结构的第一个层次（原子）以后，产生了电子学、固体物理学、半导体物理，出现了电子计算机、自动化、激光等新技术。人们在认识了物质微观结构的第二个层次（原子核）以后，又产生了原子弹、氢弹，从而展现了人类利用原子能的广阔前景。这些历史经验告诉人们，高能物理的进展，将直接和间接地影响到其他学科，开拓一系列新的研究领域，并将影响到国民经济的各个部门。它同新材料、新能源、新技术、新工艺等的更新和发展有着不可分割的密切联系。

（四）

彭罗斯的《宇宙几何学》与弦理论和维数

爱因斯坦的相对论靠黎曼几何支撑，它告诉我们，时间也是几何量，时间的度量离不开空间的度量。统治了我们 2000 多年的欧氏几何竟然不是描述物质空间最精确的方法。要想知道世界是什么样子，宇宙从何而来，就必须学习这个理论。

没有历代数学家的研究（特别是高斯和黎曼等人的工作）就不会有广义相对论的物理理论。

罗巴切夫斯基（双曲几何创始人）的非欧几何是历史上出现的第一个非欧几何（也是第一种微分几何）。它的三角形内角和是小于 180°的。

下面我们用符号 E^2 表示欧氏平面；用 E^3 表示欧氏三维空间；L^2 表示罗氏平面；L^3 表示罗氏空间。可以用射影几何的方法或称保形变换，把 L^3 模拟为普通的 E^3 中球面 S^2 的内部。何以我们未直接察觉到空间的几何可能更符合于罗氏而不是欧氏几何呢？理由是长度的绝对单位（宇宙空间的曲率半径）大到 6×10^{22} 英里（约有 100 亿光年，1 英里 ≈ 1.609 km）。与此相比，任何天文距离的远近实质上都要看作无穷小。而 E^3 的无穷小几何正是欧氏几何（曲率半径越大，曲率越小，反之亦然）。

如果拓扑空间在任一点邻域的拓扑和在 n 维欧氏空间 E^n 里

的拓扑相同,则此拓扑空间称为 n 维(拓扑)流形,例如,L^2,S^2 都是二维流形,而 S^1,S^3 则分别称为一维和三维流形。

在广义相对论中,爱因斯坦场方程的全局解,可以大范围地用黎曼几何的概念和微分拓扑的思想求来。近年来,彭罗斯与霍金在英国曾用相对论引导出许多引人入胜的宇宙学结果。

空间和时间结合成世界的四维图景——闵可夫斯基的时空。这种图景用 4 个坐标 x,y,z,t 来描述。其中 t 是普通的时间坐标,x,y,z 是普通的笛卡儿空间坐标。选择光速(c)为单位($c=1$)可使情况简化。就是说长度单位与时间单位可以按照下列关系进行换算:

1 s＝30 万千米

1 光年＝$9.46×10^{12}$ km＝63241 天文单位

1 天文单位＝$1.496×10^8$ km

于是原点的光锥可表示为 $t^2＝x^2＋y^2＋z^2$ 的轨迹。此轨迹有两部分:

①即未来的光锥($t>0$),代表在 $t=0$ 时,从原点发射向外传播的球面光脉冲的历史。

②即过去的光锥($t<0$),它代表在 $t=0$ 时,向内收敛到中心的球面光脉冲的历史(如图 4-1)。

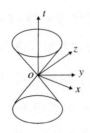

图 4-1　闵可夫斯基时空中原点的光锥

　　光可以看作被称为光子的粒子在传播,光锥的母线(即光锥面上通过原点的直线)就代表闪光中个别光子的历史。同样的图形也适用于其他形式的"无质量"的粒子,因为所有这种粒子都是以光速来传播的。然而有质量的粒子必须以小于光速的速度来传播,所以与产生光子同时爆发的自由重粒子的历史必为通过原点位于未来光锥内部的直线(如图 4-2)。

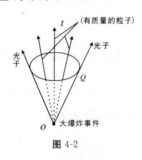

图 4-2

　　任何其他自由(不加速的)运动的粒子都同样在闵可夫斯基空间里画出一条直线。无质量的粒子所画的直线与 t 轴成 45° 角;有质量的粒子倾斜角小于 45°。不是自由运动的重子会描出一条曲线——粒子的世界线——它的切线向量与 t 轴的夹角处处小于 45°,即处在局部光锥的内部(如图 4-3)。这种世界线称为类时世界线。

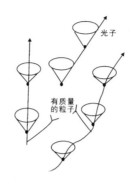

图 4-3　闵可夫斯基时空中粒子的世界线

　　闵可夫斯基空间 M^4 有一种自然的几何，它是伪欧氏几何的，而不是欧氏的。具有坐标 t, x, y, z 的点 Q 到原点的闵可夫斯基距离 OQ 由下式表出：

$$OQ = t^2 - x^2 - y^2 - z^2$$

（有时用 $x^2 + y^2 + z^2 - t^2 = OQ$，但这与此处所给的特殊理解不同）

　　应当注意，如果点 Q 在点 O 的光锥面上，则 $OQ^2 = 0$。若点 Q 在锥面内侧，则 $OQ^2 > 0$。

　　现在这个"距离 OQ"的意义（对于点 Q 在点 O 的光锥内部来说），它是等于以直线路径 OQ 为世界线的时钟在事件 O 和 Q 之间所经历的时间间隔。对于不通过点 O 的世界线来说有一个相应的结果。若 R（事件原点）有坐标 t', x', y', z'，则闵可夫斯基距离 RQ 由下式给出：

$$RQ^2 = (t - t')^2 - (x - x')^2 - (y - y')^2 - (z - z')^2$$

　　若点 Q 在 R 的光锥之内，则 $RQ^2 > 0$，于是 RQ 等于从 R 到 Q

自由运动的时钟所经历的时间间隔。

　　时间的测量依照这样一个表达式而不是牛顿的"绝对"时差 $(t-t')$ 是狭义相对论的关键。时间是闵可夫斯基几何的"距离"度量。像欧氏几何的普通距离那样,沿类时曲线(世界线)的时间度量变成与路径有关的概念。若 R 和 Q 是两个时空点,用几条类时曲线连接起来(如图 4-4),则 R 和 Q 之间沿不同曲线的时间间隔一般来说是不同的。

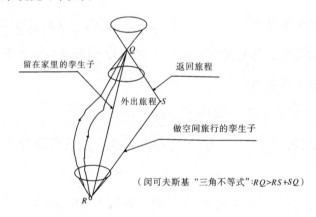

留在家里的孪生子　　　　返回旅程

外出旅程S

做空间旅行的孪生子

（闵可夫斯基"三角不等式":$RQ>RS+SQ$）

图 4-4　时钟佯谬

　　初看似乎奇怪,但必须强调有大量的实验支持这种时间测量的非绝对性(例如,大气层上部产生的宇宙射线粒子的寿命,在飞机上所做的精确时间测量,高能加速器中粒子的性态)。普通欧氏距离是与路径有关的概念,这是众所周知的,但其中我们对时间的直觉是由经验得来的,这其中与路径有关的效应非常微小——因为普通速度与光速相比实在是太微小了。

在欧氏几何中,"直的"路径应当是距离最短的那一条,但对闵可夫斯基几何来说,却有一条奇怪的"是非颠倒"的直线,从点 R 到 Q 的所有类时曲线中,直的(未加速的)世界线具有最长的长度(如图 4-4)。而且这个最长的长度,即时间间隔。这和狭义相对论中著名的时钟佯谬有关。一对孪生子从 R 出发,一个在他住所的星球上保持不加速,而另一个则以接近于光速的速度外出旅行,去到遥远的星球 S,然后再返回家里。当他们在 Q 重逢时,发现旅行的比在家中的要年轻一些。在家中的那个孪生子,在其兄弟旅行期间所经历的时间恰好是图 4-4 中的 RQ——这个时间一定比沿着旅行者的非直世界线所量得的时间长一些。〔若按理论计算,当飞船速度达到 29 万千米/秒时,则飞船上的 1 s 就相当于地球(R)上的 4 s,也即是说在飞船上生活 1 年相当于地球上生活 4 年。当然这也只是从理论计算上得出的数据,至今尚缺乏实证。因为,当今的宇宙飞船速度还远低于光速,今后何年何月能造出光速或超光速的飞船,尚属纸上谈兵,能否实现尚属未定之天!〕

对于平直的闵可夫斯基空间(M^4)可用弯曲的流形 M 来代替。时空模型的一个例子,具有不寻常的和有趣的因果性质,那就是表示引力坍缩成黑洞的模型(如图 4-5)。

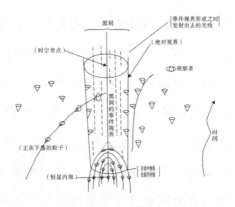

图 4-5　向黑洞坍塌缩

在这个模型中最值得注意的是,它会出现一个时空三维曲面(锥面),我们称它为绝对视界,具有从内部发射的信号或粒子不能跑到外部世界去的性质。当然从外部来的信号或粒子都能进入内部。坍缩形成黑洞的物质一旦落入内部就不能向外发送信号。这个物质反而向内部陷落直到中心附近,在那里遇到时空奇点,其时空曲率趋于无限大(即在黑洞模型中物质必须弯曲到最大限度)。根据物理理论预言,质量很大的星体——例如质量比太阳大若干倍,按昌德拉塞卡极限比太阳质量大 3.2 个以上的星体,如果它超过这个极限,则这样的超巨星的最后引力坍缩会产生一个中子星或一个黑洞。

霍金认为弦理论也是一种图像,也是描述宇宙的一种理论。弦理论可以用来描述引力,但弦理论导致无限大,早期的玻色弦理论时空是 26 维,后面加入超对称性后,时空要求为 10 维,再后来弦理论要求时空为 11 维,但是这些都缺乏观测数据,仍然是纸上谈兵,没有实证。

根据弦理论,从 4 维空间开始,一直到 9 维空间都存在物理常量与人们的常识观念不同的物理定律。在 10 维空间中,这里或许已经不存在实物的实体,而是存在着不同振动频率超弦所形成的物质,这些东西会在不同频率下产生出不同的外在表现。这或许也意味着在 10 维空间中,已经没有"物质"存在,只存在着不同振动频率的弦。按照弦理论,宇宙是 11 维的,且是由振动的平面构成的。至于弦到底是什么样的,至今一无所知。也正如霍金所说:一个无限的乌龟塔背负平坦的地球是一种人类认识宇宙的理论模型,超弦理论也是人类认识宇宙的理论模型。两个理论都缺乏观测的证据,既没有人看到一个背负地球的巨龟,也没有人看到超弦。

下面让我们对"维"的观念做一点通俗的解释。设想一下,当人们站在高维度空间看低维度空间的景象,会是一种什么样的情景呢?

例如当你在街上准备从人行通道过马路时,你能看到和感知的,也就是街道范畴内的场景,也不会很远和很大。除非你有个千里眼,否则超出这条街道的范畴,你是很难看到的。如果你登上高楼,就会很轻松地看到超越这条街道的范围,比如街道以外的各种情景;但如果你的高度更上一层,例如乘坐在直升机上,则甚至可以看到整座城市。类比来说,看这个楼房的高度,就好比是三维空间看二维空间的高度,而在直升机上就是四维时空看三维时空的高度。所谓"欲穷千里目,更上一层楼",站得高看得远。因此,站在高一级的维度空间，就自然看得清低一级维度空间的角角落落。当然，这个由高看低的设想，由于始终是处于俯视的观察角度，看到的或许也是平面。

然而上述这一观点也意味着，如果能真正进入高维空间，则很可能出现透视眼的特点。因为你能看到低维度空间的一切信息。这个看或许也将超出人们的常态意义下的观看，能够看到人体的细胞结构，甚至物质的基本构件（各种粒子）。超弦理论是物理学中的一个新理论，还处在不断探索之中。

从纯粹几何学的角度看，超正方体在一般空间中的投影，是由两个立方体构成的，一个套在另一个里面，顶点也相连，只要画出图来数一数，就可知道这个超正方体有 16 个顶点，32 条棱和 24 个面，这是一个 4 维空间（也可将它看成"体加上时间轴"）。至于 5 维空间可用类似超正方体应用透视图表示；从 6 维到 10 维的超正方体可以应用皮特里多边形正交投影法画出来。按照弦理论，宇宙是 11 维的，也可以应用皮特里投影法画出 11 维超正方体。不过所画出的这个东西看起来已经是比蜘蛛网更加细密而复杂的"大麻饼"了，或者说很像一团用来除去油渍的钢丝球。可见宇宙是多么神奇和复杂！

（五）

迈克尔逊-莫雷实验简介

由于麦克斯韦理论预言,射电波或光波都应该以某一个固定的速度行进,可是因为牛顿理论已经摆脱了绝对静止的观念,假设光以固定的速度行进,则人们就必须说清楚这个固定的速度是相对于什么东西来测量的。因此,有人提出一种观点:宇宙中存在一种无所不在的被称为"光以太"(或称以太)的物质(以太实际上就是物理空间),甚至在真空空间中也是充满了以太。正如声波在空气中行进一样,光波也应该通过光以太行进,因此它们的速度应该是相对于以太而言的。相对于以太运动的不同观察者,会看到光以不同的速度向着他们而来。但是光对以太的速度保持不变。特别是当地球在绕太阳的轨道行进时自然是要穿过以太的,所以当地球通过以太运动的方向测量所得的光速(当人们相对光源运动时)应该大于与运动垂直方向测量的光速(当人们不对光源运动时)。

1887年,迈克尔逊(1852—1931年)和莫雷(1838—1923年)他们两人进行了一项举世闻名的实验。如图5-1。

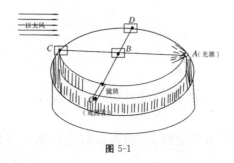

图 5-1

迈克尔逊和莫雷应用零点法,来比较光在相互垂直的两个方向上的速度差。这套仪器的中心部件是一块玻璃片 B,B 上镀了薄薄的一层银膜,呈半透明状态,可以让入射光线通过一半,而反射回其余的一半。

因此,从光源 A 射来的光速在 B 处分成互相垂直的两部分,它们分别被与中心部件等距离的平面镜 C 和 D 所反射。从 D 折回的光线有一部分穿过银膜 B,从 C 折回的光线有一部分被银膜反射;这两束光线在进入观测者 O 的眼睛时又结合起来。根据众所周知的光学原理,这两束光会互相干涉,形成肉眼可见的明暗条纹。如果 $BC=BD$,则两束光线会同时返回中心部件,明亮部分就会位于正中间;如果距离稍有不同,就会有一束光线晚到达;于是,明亮部分就会向左或向右偏移,形成所谓的干涉花纹(条纹)。干涉花纹的形状决定于两束光线的时间差。

接着把整个仪器装置(A,B,C,D 及 O 等)依照图 5-1 中所示的轴线,转动 90°,A 落到原来 D 的位置,再观测一定时间(一次或几次),在镜筒 O 里会出现干涉花纹的形状。由于仪器装置旋转前后两束光线到达镜筒的时间差不同,因此干涉花纹的形状也不同。根据观测花纹形状的变化,就可以计算出地球对于"光以太"的运动速度。(计算方法从略)

迈克尔逊-莫雷实验在不同的地点、不同的季节、不同的时间做了多次。仪器是安装在地球表面上的,而且地球又是在空间中迅速转动的,所以人们预料到以太风会以相当于地球运动速度(每秒 30 千米)的速度拂过地球。在此,我们可以假定这股"以太风"是自 C 向 B 刮去的(如图 5-1)。然后我们来看看,这两束赶到相会地点的光线在速度上有什么差别。

请记住,其中一束光线是先逆"风",后顺"风",而另一束光线则是在"以太风"中来回横穿。请问:哪一束光线先回来呢?可是这项实验迈克尔逊和莫雷进行了多次,竟然从来没有一次观测到干涉花纹有丝毫的变动,可以想象,他们两人当时是何等的惊异啊!

实验的结论显然是,无论光在以太风中怎样传播,以太风对光速都没有影响。

对于这个出乎预料的结果,看来唯一适合的解释就是大胆假设,迈克尔逊-莫雷实验的那张架设镜片的石制台桌面沿地球在空间运动的方向上有微小的收缩(也就是 1887—1905 年间,依据相对于以太风运动的物质收缩和时钟变慢的机制,出现过好几个解释迈克尔逊-莫雷实验的尝试,最著名的就是荷兰物理学家亨得利克·洛伦兹做出的解释,即人们熟知的洛伦兹变换)。

当时对迈克尔逊-莫雷实验引起了长达十多年的争论,其实质就是,从理论出发推出的结果和实验所得到的结果不相符合。或者说,用经典物理学的空间和时间观念解释不了迈克尔逊-莫雷实验的结果。其主要原因在于人们对低速世界的事件比较熟悉和习惯,没有想到要去寻找高速物体运动的规律。

爱因斯坦当时的看法是,我们这里所碰到的是空间本身的收缩。一切物体在以相同速度运动时都收缩同样的程度,其原因完全在于它们被限制在同一个收缩的空间内。由于人们所碰到的最高速度,比起光速来真是微不足道。例如每小时行驶 80 km 的汽车,它的长度只是变为原来的:$\sqrt{1-(10^{-7})^2}=0.999\cdots\cdots9$(小数点后面 14 个 9)。也就是说,这相当于汽车全长只缩短了一个原子核的直径那么长!即使时速超过 900 km 的喷气飞机,长度也只不过缩小 1 个原子的直径那么长;就算时速达到每小时 4 万千米的全长 100 m 的星际航天器(若能造出来),其长度也只不过缩短约 1‰ mm,人们是看不见也感觉不到的!

不过,如果物体以光速的 50%,90% 或者 99% 的速度运动时,它们的长度就明显地缩短,其缩短的程度分别为静止长度的 86%,45% 或者 14% 了。这只是从理论计算出来的结果,究竟实际情况会是如何,无法预料。

再说我们这个物理世界,还没有任何物体能以光速或超光速运动。这是因为有大量的直接实验证明:在这个世界里,运动物体反抗它本身进一步加速的惯性质量,在运动速度接近光速时会无限增加。

如果一支手枪子弹的速度能达到光速的 99.99999999％,它的惯性质量相当于一枚 305 mm 的炮弹;如果达到 99.99……99％(小数点后面 14 个 9),则这颗小子弹的惯性质量就等于一辆满载的大卡车。无论再给这颗子弹施加多大的力,也不能够征服最后一位小数,使它的速度正好等于光速。所以说,光速是当今宇宙中一切速度的上限。

（六）

运动（宇宙间一切物体的运动）

地球以惊人的速度围绕着太阳运转（每秒 30 km，1 年大约要走 10 亿千米）。然而奇怪的是，尽管地球运动得这么快，何以我们人类都丝毫未觉察到这个快速运动，仍若无其事地在它上面工作着、生活着！

公元 2 世纪，古希腊学者托勒密创立了地心说，他假定各个行星都绕着自己的一个小圆轨道做圆周运动，这个小圆轨道叫作"本轮"，本轮的中心又绕着一个以地球为中心的大圆轨道（叫作"均轮"）旋转。古时候每一颗行星的位置就是用托勒密的宇宙体系学说计算出来的。在公元 14 世纪以前，这个宇宙模型是世界公认的。

哥白尼是第一个反对这种宇宙模型的人，哥白尼发现的日心宇宙模型，我们称它为"太阳中心说"（简称"日心说"）。哥白尼的日心说改变了人类对宇宙的看法，从此，人们才知道我们居住的地球只不过是一个普通的天体，它是太阳系行星中的一员。

伽利略发表在《星球公报》上的文章，向世界公布了他对天体观测的结果。他支持了哥白尼的"日心说"，还捍卫了"日心说"。当年天主教会对伽利略进行了疯狂的迫害，他被控告犯了"信仰并拥护虚妄的反对神圣经典学说"的罪名，受到罗马教廷的审判，并宣布哥白尼的"日心说"是一种荒谬的邪说。由此可见，真理是在斗争中认识和发展的。

1932 年,伽利略发表了《关于两个世界体系的对话》一书,其中提出了对运动的看法,也就是现在所说的运动的相对性原理。此原理实质上是说:在一个匀速直线运动系统里,不论这整个系统的运动速度是非常巨大还是等于零,系统里的各个运动都是没有区别的。

运动的相对性,则是另外一回事,它是说运动的性质由所选择的参照物决定,由于参照物不同,同一物体运动的性质可以是多种多样的。

例如你在火车上看书的时候,把书放在窗边的桌子上,书子来说是静止的,但是书对地面来说,却是跟着火车在运动。你坐在桌边看书,对地面来说,你是静止的,但是对太阳来说,你运动的。而且太阳和太阳系的行星以每秒 20 km 的速度向着天琴座和武仙座飞速地运动。

在整个宇宙中想找出一个不运动的星体是绝对不可能的。然而,我们为了计算的方便,可以选取一点当作是静止的。我们得到了力学上的一个非常重要的结论:一切运动包括静止在内,都是相对的。

虽然事实上宇宙间一切物体都在运动,可是说实话,这点我们丝毫都未察觉到,平时我们总以为地球很稳定,总认为地球是静止不动的。在 400 多年前,可以说,谁也没有怀疑过地球是静止的。今天我们可以说,地球的转动是自然界中我们所知道的最理想的匀速转动;另外,由于地球半径是这样的大,所以地球表面上任何一点的运动,可以近似地当作直线运动。

当地球自转的时候,赤道上任何一点的运动速度都是 463 m/s,因为赤道半径是 6371 km,而北纬 55°45′纬圈上任何一点的运动速度是 265 m/s,因为那里的纬圈半径是 3654 km(比赤道半径几乎小一半)。虽然是这样的悬殊,但人们的感觉都是一样的。这也是很自然的事,在运动半径长达几千千米的匀速圆周运动里,如果所取的时间间隔很短,这时候的运动跟匀速直线运动便没有什么区别。

所以我们可以说,地球上的人们及其周围事物的运动,都可以当作匀速直线运动。按照伽利略运动的相对性原理,我们知道静止和匀速直线运动没有区别。

爱因斯坦从真空中的光速不以光源与测量者的相对运动而改变的物理实验(如前面我们介绍的迈克尔逊-莫雷实验,后来两人也因此成为美国首次获得诺贝尔奖的人)的事实出发,突破过去低速运动所概括出来的物体运动的规律和时间、空间的概念,提出了狭义相对论。狭义相对论,不但适用于接近光速的运动,而且在日常生活中的低速运动情况下,它的结论与古典的那种速度相加或相减的情况相差也是极小的,以至于一般人日常生活中不会感到两者有什么明显差别。所以我们可以说,伽利略相对性原理是一种相对真理,而相对论则是进一步的相对真理。在高速运动情况下,古典理论不适用时,但相对论仍然可以适用,人们过去的常识就会发生变化,不仅运动着的尺子会缩短(称为洛伦兹收缩),而且运动着的时钟（表）也会变慢，这究竟是怎么一回事？请看下面的洛伦兹变换、缩尺和钟慢。

（七）

洛伦兹变换

在 1887 年—1905 年，人们根据相对于以太风运动的物体收缩以及时钟（表）变慢的机制，出现了好几个解释迈克尔逊-莫雷实验的尝试，其中最著名的莫过于荷兰物理学家洛伦兹所进行的工作，现简单介绍如下：

假设以地球作参考系，并把地球看成一个点，观察者 O 在地球上，用 S 表示这个参考系，S 的轴是 OX（如图 7-1）。另一个观察者 O' 乘坐一艘宇宙飞船，飞船从地球面上开始起飞，以较高速度 v 沿 OX 轴的方向运动。O' 以飞船作参考系，表示这个参考系的坐标系是 S'，坐标轴是 $O'X'$，它和 OX 轴平行，O 和 O' 两位观察者同时观察沿 XX' 轴方向的某一事物 P。

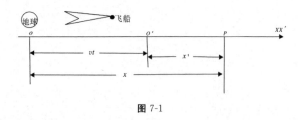

图 7-1

设 x 是在观察者 O 看来，P 对于地球的空间坐标；

x' 是在观察者 O' 看来，P 对于飞船的空间坐标；

t 是在观察者 O 看来，P 对于地球发生的时刻；

t' 是在观察者 O' 看来, P 对于飞船发生的时刻;

v 是飞船对于地球沿 OX 轴飞行的速度;

c 是光速(每秒约 30 万千米)。

(具体推导的数学过程略)

于是根据上述假设我们可以导出洛伦兹变换公式如下:

$$x' = \frac{x - vt}{\sqrt{1 - \dfrac{v^2}{c^2}}} \tag{7.1}$$

$$t' = \frac{t - \dfrac{v}{c^2}x}{\sqrt{1 - \dfrac{v^2}{c^2}}} \tag{7.2}$$

这里的(7.1)(7.2)两式说明,在地球参考系 S 里坐标 x 点发生在时刻 t 的某一事件,可变换成飞船参考系 S' 里相应的地点和相应的时刻所对应的数值。

也可将以上两式变形为下面的(7.3)(7.4)两式:

$$x = \frac{x' + vt'}{\sqrt{1 - \dfrac{v^2}{c^2}}} \tag{7.3}$$

$$t = \frac{t' - \dfrac{v}{c^2}x'}{\sqrt{1 - \dfrac{v^2}{c^2}}} \tag{7.4}$$

这里的(7.3)(7.4)两式说明,在飞船参考系 S' 里坐标 x' 点发生时刻 t' 的某一事件,可变换成地球参考系 S 里相应的地点和相应的时刻所对应的数值。

下面列举一些关于洛伦兹变换的应用：

高速运动中的物体长度的收缩可由洛伦兹变换计算出来。例如当一物体相对于某参考系是静止的时候，在这个参考系里，物体的长度是最大的。当物体以速度 v 在某参考系中运动时，物体在这个参考系中的长度沿运动的方向收缩 $\sqrt{1-v^2/c^2}$（这里 c 为光速），而物体沿垂直于运动方向的长度是不变的。不仅运动物体沿运动方向长度会收缩，而且还遵循洛伦兹变换的规律。而在低速运动中，物体的收缩是不明显的。即使某一物体的运动速度达 3×10^7 m/s，其长度的收缩也只不过是千分之五（即原来 1 m 长，现收缩为 0.995 m，所以说即使运动速度达到每秒 15 万千米，其长度也只不过缩短为 0.866 m）。所以，在低速运动中 $v\ll c$，v^2/c^2 小得微不足道。则两者长度基本不变，也就是说在低速运动中长度的测量与参考系无关，这样就又回到了经典的时空观念了。

当物体运动速度非常接近光速时，情况就大不一样了，这时长度收缩非常显著，静止的时候 1 米长的尺子，沿相对运动方向的长度则会收缩成几厘米。如果运动速度变得等于光速，则 $v^2/c^2=1$，即 $\sqrt{1-v^2/c^2}=0$，长度收缩为零，这当然是不可能的。由这一点，就说明了光速是速度的最高限。一般物体，运动速度无论如何是不可能达到光速的。

除了时间变慢和长度收缩之外，相对论还可推演出许多其他预言，例如物体质量随运动而发生变化。

在经典物理学中,物体的质量不因静止或运动而有什么变化。例如,一个人在地球上时质量是 60 kg,当他乘坐运动的火车时,质量仍是 60 kg,即使他乘坐航天飞船(在目前来说每秒也不会达到 1 万千米),在低速运动的情况下此人质量是 60 kg,可是当此人乘上高速的宇宙飞船时,则就不会是 60 kg 了,而是比 60 kg 要多些,究竟多多少? 这就要看飞船与光速的接近程度了。如果飞船速度以光速的 10% 运动,则物体的质量就会比原来增加 0.5%;如果飞船速度达到光速的 90%,则物体的质量就会比原来增加两倍多。

上述的质量为 60 kg 的人,当飞船速度达到 $v = 0.98c$ 时,人的质量就增加成为原来的 5 倍。也就是原来质量为 60 kg 的人,变成了质量为 $5 \times 60 = 300$ kg。

例如,假设你乘坐几乎有光速那样快的飞船去天狼星(太阳系的近邻)旅游,往返一趟至少要 18 年(因为天狼星距地球 9 光年)。如果飞船速度达到光速的 99.99999999%,则此时你的时钟(手表)、心脏、呼吸、消化和思维都将减慢为原来的七万分之一!

因为 18 年 = 365 × 18 = 6570 天,又 6570 × 24 = 157680 h,将 157680 h 缩小为原来的七万分之一,则只有 2 h 多一点。

又因为 18 年是地球上的人所经历的具体时间,然而在飞船上的人看来只不过是两个多小时而已。如果你是吃早餐后从地球出发,那么当飞船降落在天狼星的某一行星表面上时,正好可以吃午餐了。如果你想吃过午餐后马上返航,就可以赶回地球上吃晚餐。不过,如果你忘了爱因斯坦的相对论原理,那你到家时一定会大吃一惊,因为你的亲朋好友认为你一定还在宇宙空间中的什么地方,因而已经自顾自地吃过了 6570 顿晚饭了！地球上的 18 年,对你这个近于光速的旅行者来说,只不过是一天而已。

在此值得探讨的问题很多,此例中近光速的旅行者在飞船上只待了一天,回到地球上时,地球上的人已过了 18 年,但是这位旅行者是否比在地球上的人年轻一些呢？因为谁也没有这种实际经历,只是理论推导而已。何况这位近光速旅行者的一切都减慢为原来的七万分之一,此时此人还能生存吗？按理论此人的质量将会增加若干倍,也就是密度加大,但长度要缩短,此时的人是否会缩小为原来的七万分之一？这些都无实证,只是从理论上得出的结果,还需要通过实践去检验！

然而狭义相对论有一个十分重要的结论,这就是人们常说的爱因斯坦的质能关系式:$E=mc^2$（E 表示能量,m 表示质量,c 表示光速）。

由于时空观念的变革,动摇了牛顿力学的基础。例如,按照牛顿第二定律,只要对物体长时间施加足够大的力,任何物体都能加速到大于光速,这显然跟相对论矛盾。又如坐标、时间按洛伦兹变换时,牛顿动力学方程不具有不变性,也就是不再遵从相对性原理。可见对原来牛顿力学的基本概念与主要定律的表述,都需要逐一审查,做出修正,甚至改写。

我们从理论上可以导出,质量随运动速度变化的公式如下:

$$m=\frac{m_0}{\sqrt{1-v^2/c^2}} \tag{7.5}$$

（此公式称为质速公式，其中 m_0 表示静止质量，m 表示质量）

公式 (7.5) 中 m_0 是物体相对于惯性系 m，速度 v 运动时的质量，称为运动质量。

上面提出的这个质速公式 (7.5) 已经为大量的实验所证实，高能粒子加速器的设计就是以公式 (7.5) 为依据的。

相对论动量可表示为

$$p = mv = \frac{m_0 v}{\sqrt{1 - v^2/c^2}} \tag{7.6}$$

上式中 p 表示动量，当 $v \ll c$ 时，则 (7.6) 式变为 $p = m_0 v$。

此式的意义是质点的动量等于质点的质量与速度的乘积。

相对论中，以 $p = mv$ 作为力的表达式，但 p 是相对论动量，于是有

$$F = \frac{\mathrm{d}p}{\mathrm{d}t} = \frac{\mathrm{d}}{\mathrm{d}t} \frac{m_0 v}{\sqrt{1 - v^2/c^2}} \tag{7.7}$$

显然，当 $v/c \to 0$ 时，(7.7) 式变为 $F = m_0 a$。可以去证明：(7.7) 式在洛伦兹变换下不变。因此，(7.7) 式这个推广了的牛顿第二定律，便称为相对论力学的基本方程。

因为质量 m 不再是常量，从而 (7.7) 式又可写为：

$$F = \frac{\mathrm{d}(mv)}{\mathrm{d}t} = m\frac{\mathrm{d}v}{\mathrm{d}t} + v\frac{\mathrm{d}m}{\mathrm{d}t} \tag{7.8}$$

根据以上几个式子，都可看出，当物体速度近于光速时，质量趋于无穷大。此时，力的作用已不能改变物体的运动状态。因此，力的作用不能使物体速度超过光速。

当物体做高速运动时，我们不能用 $E_k = \dfrac{1}{2} m_0 v^2$（因为这是牛顿力学的动能表达式，其中 E_k 表示动能，m_0 表示物体的静止质量，v 表示运动速度）来表示动能，而应当修正为：

$$E_k = mc^2 - m_0 c^2 \qquad (7.9)$$

此式称为相对论动能的表达式。（其中，m 表示物体运动质量，m_0 表示物体的静止质量，c 表示光速）

质能关系式：$E = mc^2$ 是爱因斯坦于 1905 年最早推导出来的。其意思是说，物体具有一定质量，就具有一定能量；反之，物体具有一定能量，它也相应地具有一定质量。由于 c^2 因子的作用，物体静能的数值非常巨大。例如 1 kg 物质的静能是：

$$E_0 = m_0 c^2 = 1 \times (3 \times 10^8)^2 \mathrm{J} = 9 \times 10^{16} \mathrm{J} \approx 10^{17} \mathrm{J}。$$

而 1 kg 汽油完全燃烧时，由化学能转化所释放的能量只是 $5 \times 10^7 \mathrm{J}$，仅为静能的 $\dfrac{1}{2 \times 10^9}$。因此可见，静能的存在揭示的是相对论的重大成就。

如果相互作用的粒子组成一个系统，则能量守恒的表达式 $\sum E_i = \sum(m_i c^2) = $ 常量，也就是说 $\sum m_i = $ 常量，即系统的质量守恒。历史上分别独立发现的两条自然规律——能量守恒定律和质量守恒定律，至此完全统一起来了。

核反应等问题常常涉及较大的能量变化，现以 m_{01} 和 m_{02} 分别表示反应粒子和生成粒子的静止质量，又以 E_{k1} 和 E_{k2} 分别表示反应前后的总能量（除静能外的总能量）。根据能量守恒定律，我们可得到：

$$m_{01}c^2 + E_{k1} = m_{02}c^2 + E_{k2} \text{ 或 } E_{k2} - E_{k1} = (m_{01} - m_{02})c^2$$

该式的左边是核反应后,粒子总能量的增加,即核反应释放的能量,我们用 ΔE 表示,这个式子的右边表示反应后粒子总的静止质量的减少,称为质量亏损,用 Δm 表示,于是上面这个式子又可表示成：

$$\Delta E = \Delta mc^2$$

此式说明核反应释放一定的能量相应于一定的质量亏损,这是质能关系的另一种表达形式,也是开发和利用核能的理论依据。

可以毫不夸张地说,原子能时代便是随着这一关系式的发现而到来的。质能关系式的发现,显示出人类智慧的巨大潜力。

（八）

四维时空

三维欧氏空间再加上一维的时间就是四维时空了。物理世界的第四维就是时间。时间经常与空间一起被用来描述我们周围发生的事件。无论是与老朋友相遇还是探讨遥远星际空间的大爆炸，一般不仅要说出它发生在何处，而且还要说出它发生在何时。因为除了表示空间位置的三个方向（经度、纬度和高度）或物体的长、宽、高等要素之外，还要再增添一个要素——时间。

生活在地球上的人们很容易认识到，所有的实际物体都是四维的，三维属于空间，一维属于时间。你所居住的房屋就是在长度上、宽度上、高度上和时间上伸展的。时间的伸展从盖房时算起，直到它最后坍塌为止。

必须注意的是，时间这个方向要素与其他三维很不相同，因为时间间隔是用钟表来度量的，即用时、分、秒和年、月、日来计算的。可是空间间隔则是用尺子来度量的（单位是米）。

再说，你能用一把尺子来度量长、宽、高，但是你却不能把尺子变成一个钟表来度量时间。另外，在空间里你能向前、向后、向上，然后再返回来；然而在时间上你却只能从过去到将来，是退不回去的！不过话又说回来，即使空间和时间有上述区别，我们仍然可以将时间作为物理世界的第四个方向要素。不过，要注意时间与空间又是不一样的！

要把时间看成空间三维多少有些等效的第四维，会碰到一个相当困难的问题。即度量长、宽、高和度量时间的单位是不同的，因为度量长、宽、高是用"米"，而度量时间是用"秒"。在这个问题上，人们找到了一个比较长度和时间间隔的合理方法。人们想到把距离表示成某种交通工具走过这段距离所需要的时间。因此，如果人们同意采用某种标准速度，就能用长度单位来表示时间间隔，反之亦然。

显然，我们选用来作为时空的基本变换因子的标准速度，必须具有不受人类主观意志和客观物理环境的影响，在各种情况下都保持不变这样一个基本的、普遍的本质。在物理学中已知的唯一能满足这种要求的速度有且只有"光在真空中的传播速度"（即光速）。也称它为"物质作用的传播速度"。因为任何物体之间的作用力，无论是电的吸引力还是重力，在真空中传播的速度都是相同的。

法国物理学家斐索（Fizeau）第一个测定了较为精准的光速为每秒 31.5 万千米（而令人满意的数据是 2.99776×10^8 m/s，或者 2.99792×10^8 m/s）。

人们量度天文学上的距离时，由于数据都比较大或者非常大，如果以千米写出来，可能要写一满页纸（当然是十分不方便的），所以用速度极高的光作为标准就显得十分方便了。例如：

1 光年＝31558000×299776 km

$=9460000000000 \text{ km}$

即 1 光年约等于 10 万亿千米。

采用"光年"这个词表示距离,实际上已把时间看作一种尺度,并且使用时间单位来度量空间了。同样,我们也可以将这种表示法反过来,得到"光千米""光英里"这类名称,可以推广于"光米""光英尺"等(1 英里 $\approx$ 1.609 km,1 英尺 $\approx$ 0.305 m)。

它们的意思就是指光线走过 1 km 或 1 m 路程所需的时间。

如:1 光米 $=0.0000000033$ s;1 光千米 $=0.0000033$ s。

下面我们来说说闵可夫斯基空间与四元轴"宇宙",普通的四维空间可以用 (x,y,z,t) 表示。

我们已经看到,时间和空间组成的"宇宙"已经不是欧氏几何的了,在其中纯空间的勾股定理已经不成立了。

闵可夫斯基引入了虚数到时间轴上,四维"宇宙"(空间)就可以使用 $(x,y,z,\mathrm{i}ct)$ 表示(这里的 $\mathrm{i}=\sqrt{-1}$,c 表示光速)。

由于时空的相对性研究,使用了"虚数"来表示时间轴,这便是"闵可夫斯基空间"。

所谓"虚数"并不是真正"虚"的,只不过它不同于"实数"罢了。正如我们称为"无理数"的数,并不是"不可理解的数"或者是"没有道理的数",它只不过不同于"有理数"而已。同样,"负数"并不是"缺少什么"的数,而是为了人们使用的方便而产生的。只是人们在研究时空问题时形成了用各种数来描述自然的概念罢了。

例如我们研究发生在某地、某时的某一事件,使用了如下的四维时空坐标:第一坐标:$x=3200$ m,第二坐标:$y=400$ m,第三坐标:$z=936$ m,第四坐标:$t=8\times10^{11}$光米。

现在我们可以定义四维距离是所有四个坐标距离的平方和的平方根了,因为虚数的平方总是负数,所以在数学上采用闵可夫斯基坐标的普通勾股定理表示成的式子,和采用爱因斯坦坐标时似乎不太合理的表达式是等价的。

人们之所以放弃古典的时空观念,并把时间和空间结合成单一的四维体系,是因为在科学实验中不断发现了许多不能用独立的时间和空间这种古典概念来解释的事实。

从四维几何学的观点出发,一切运动物体在以相同速度运动时都会收缩同样的长度,这是因为时空坐标系的旋转使物体的四维长度在空间坐标上的投影发生了改变。从运动着的系统上观察事件时,一定要用空间和时间轴都旋转一定角度的坐标来描述。请记住一个要点:物体的长度缩短仅仅和两个坐标系统的相对运动有关。时空坐标系的旋转,不仅影响了长度,也改变了时间间隔。可以证明,由于第四个坐标具有特殊的虚数本质,当空间间隔变短的时候,时间间隔就会增大(即时间变慢了)。

（九）

相对做等速运动的时空对称原理

两个系统（如铁路系统和列车系统）相对做等速运动，可以简化为一条直线上的运动。直线上点的空间坐标用 x 表示，时间坐标用 t 表示，这样就得到坐标 (x,t)，并可在平面上画图表示。

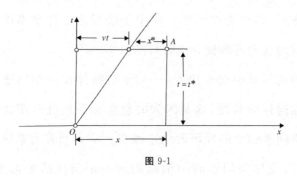

图 9-1

对两个不同的测量系统（如铁路系统和列车系统）则可分别用 (x,t) 和 (x^*,t^*) 表示它们（如图 9-1）。

图 9-1 表明，对于"空间和时间"（时空）中任何一个事件 A，对于一个系统其坐标是 (x,t)，而对另一个系统其坐标是 (x^*,t^*)。图中清楚地指明了 $(x-x^*)$ 的差数，随时间 t 的增加而增加，确切地说，这个差数等于 vt，用式子可写成：

$$x^* = x - vt \quad (v \neq 0) \tag{9.1}$$

式中 v 就是 (x^*,t^*) 系统对于 (x,t) 系统做相对运动的速度。至于时间 t^* 和 t 之间的关系，则有 $t^* = t$。

也就是 $t^*-t=0$,不随地点 x 的改变而改变。这也就是经典力学中的相对性的概念,一般把这个变换式(9.1)称为伽利略变换。

在日常生活中,顺水行船速度相加,逆水行船速度相减,就是这种经典概念的应用。将这种经典概念应用到对光速的测量上,就会得出光速随测量者的运动而变化的情况,而这个推论是被物理学的实验所否定了的(如前述的迈克尔逊-莫雷实验)。

那么,这种经典概念在什么地方出了问题呢?因此要问,什么是"等速运动"?是否可以定义如下:"相等的时间(在相同的方向上)走了相等的距离"或者是"(在相同的方向上)走相等的距离用了相等的时间"。

这两种定义虽然含义是一样的,但是在其中的时间和空间的地位刚好对换了一下。确切地说,对于等速运动,时间和空间是对称的。抽象地说,"对称的假设,必须产生对称的结果"。那么由伽利略变换式中 $t^*=t$ 的关系,就应当对称地导出 $x^*=x$ 了!然而这个结果显然是错误的。因为我们研究的系统是以 $v\neq0$ 的速度做相对运动,因此,一般 $x^*\neq x$。注意:由 $t^*=t$,导出 $x^*=x$ 这一结论是荒谬的。这只能说明 $t^*=t$ 这一论点是错误的。具体说来在图 9-1 中,将 x^* 轴画得与 x 轴重合,这是错误的。

由于时空对称原理是正确的,则由 t^* 轴偏离 t 轴向 x 轴倾斜,所以也要导出 x^* 轴偏离 x 轴向 t 轴倾斜(如图 9-2,9-3)。

伽利略变换公式对于时间和空间关系是不对称的,表现在图上则是 t^* 轴与 t 轴分离,而 x^* 轴与 x 轴重合。实际情况应当是

x^* 轴与 x 轴也要分离,才能符合客观物理的实际。

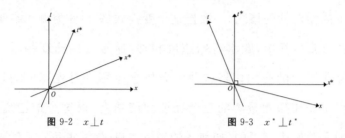

图 9-2 $x \perp t$ 图 9-3 $x^* \perp t^*$

事实上坐标轴是否垂直对我们的研究无关紧要,即使两组坐标都取作斜坐标也无影响(如图 9-4)。

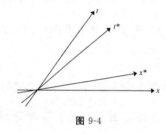

图 9-4

重要之处在于 x^* 轴也和 x 轴分离,这就是时空对称原理导出的一个定性结论。

对于 x^* 轴与 x 轴分离的物理意义:

两个坐标系中的空间坐标的读数之差随着时间的增长而增长。对称地说来,x^* 轴和 x 轴分离的物理意义就是两个系统中的时间坐标的读数之差随着空间距离原点的距离的增长而增长。空间坐标读数之差随着时间的变化而变化,时间坐标读数之差也随着空间的变化而变化。这就是由时间对称原理得出的初步的定性结论。下面将由时空对称原理导出定量的结果。

为此,必须事先取好时间(即 t 轴)和空间(即 x 轴)的测量单位。如图 9-1 中,时间(即 t 轴)实际上也是用长度作为示意的表示,而真正的时间在纸上是画不出来的!

如果单独研究时间或空间,计量单位是完全可以自由选择的,但是,当两者通过运动联系在一起时,则时间与空间的计量单位就不能互不相关地自由选取了。

设想有一种自然现象,它的运动规律对于(x,t)坐标系而言,刚好是 x 轴和 t 轴交角的二等分角线,则它的运动情形在(x,t)坐标系中的方程就是:$x=t$,因此,立即可求出其速度为:$\dfrac{x}{t}=1$(因为速度 $v=$ 距离/时间$=\dfrac{x}{t}$)

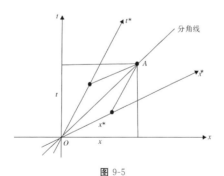

图 9-5

图 9-5 中这条平分角线对于(x^*,t^*)坐标系而言,其方程为:$x^*=t^*$。由此可求出它所代表的运动对(x^*,t^*)坐标系的速度为:$v=\dfrac{x^*}{t^*}=1$。

从以上的推导可见,同一个运动现象在不同的坐标系中都得到同一的速度,都等于 1。这正是因为两个坐标系(x,t)以及(x^*,t^*)

相互做等速运动,则它们的坐标轴之间的关系,不仅是 t^* 轴和 t 轴要分离,而且 x^* 轴和 x 轴也要分离。

如果适当选取 t 轴及 x 轴的计量单位,则能使 x^* 轴和 t^* 轴的交角的平分角线正好等于 x 轴与 t 轴交角的平分角线,则这条平分角线对于这两个系统就都代表了速度等于 1 的运动了。

由此可见,分角线对于不同的坐标系统都代表速度为 1 的运动。因此,它就成为理论上的不变的极限速度了,而真空中的光速就是这个极限速度。

具体实验和分析已经证明,速度在理论上有一种极限。爱因斯坦假设真空中的光速就是这个不变的极限值。

要想直接验证还会涉及如何去校准不同两地的时钟问题。而时钟的校准又要利用光速不变的假设,这是一个逻辑上的循环矛盾。(其中尚有不少问题值得认真研究,在此从略)

但是不管怎么说,光速至少可以作为速度不变的极限值的近似值。由此导出的各种定量的结论,在一定的误差范围内,与很多实验数据是相符合的。因此,为了进一步定量计算,我们可取光速作为速度极限值的近似值。但在理论上,我们可假设超光速现象可能出现。

下面就以光速为 1 m/s,t 轴上 1 cm 所代表的时间应是:

$\dfrac{1}{30000000000}$ s,这个数值在日常生活中用作单位时间是很不方便的,也是不必要的。但在研究接近光速的高速运动中,这个数值却是和长度单位用厘米计量的相应时间的客观自然单位。

时空对称原理：由于时空两轴倾斜是相同的（即同等倾斜），而且平分角线仍然不变，这就是光速不变的本质。人们在研究和学习中，感觉到了的东西，不一定立即能理解它，而只有理解了的东西我们才能更深切地感觉它。

对于前述问题，现略举一例说明：

假如有一颗人造卫星的飞行速度为 8×10^6 m/s。这在日常生活中说起来已经是高速运动了！但是它对于时间用厘米计秒，空间用厘米的坐标系来说，x^* 轴和 x 轴的夹角不过是：

$$\frac{v}{c} = \frac{8 \times 10^6}{3 \times 10^8} = \frac{8}{3} \times 10^{-2} (\mathrm{rad}) \text{或者是 } 1.528°。$$

特别地，当 $v = c$ 时，$\arctan \dfrac{v}{c} = 45°$。这显然是人们肉眼看不见的。因此，日常生活中不去考虑这些坐标轴的分离。

（十）

"熵"是什么?

水,是人们认为最普遍的东西,也是最熟知的了;其实不然,你对它有多少了解,请往下看。一杯水若放大几百万倍,就会看到它具有明显的颗粒结构,是由大量紧紧地挨在一起的单个分子组成的,这些分子绝不是处于静止状态,而是处于猛烈的骚动之中,它们来回不停地运动,互相推挤,恰似一个极度激动的人群。水分子或其他一切物质分子的这种无规则的运动称为热运动。

如果把液体加热,则其中悬浮小微粒的狂热推挤将会显得更加激烈;如果冷却下来,则推挤骚动现象就会渐渐缓慢下来,这就是物质内部的热运动。因此,我们通常所说的温度不是别的,正是分子运动激烈程度的量度。通过对热运动与温度的关系的研究,人们发现在温度达到－273 ℃时,物质的热运动就会完全停止。这时,一切分子都归于静止,这就是最低的温度,人们称它为绝对零度。如果有人提出更低的温度,那显然是荒唐的。这是因为哪里会有比绝对静止更慢的运动呢?

摄氏温度 t 与热力学温度 T 之间的数值关系为:

$$t(\text{℃}) = T(\text{K}) - 273.15$$

一切物质的分子在接近绝对零度时,能量都是极小的。因此分子之间的内聚力会把它们紧紧地聚集成固态的硬块。这些分子只能在凝结状态下轻微地颤动。如果温度升高,这种颤动就会越来越强烈;到了一定程度,物质由固体就变成了液体。物质的熔解温度取决于分子内聚力的强度。

下面列举一些物质元素的温度变化情况:

氢气(H_2)　　在$-259.2\ ℃$下处于固态,在$-253\ ℃$沸腾;

水(H_2O)　　在$0\ ℃$下结冰(称为冰点),在$100\ ℃$时开始沸腾(称为沸点);

冰　　　　　熔点为$0\ ℃$(冰是固态水,在$0\ ℃$时开始融化);

氧气(O_2)　　熔点为$-218.4\ ℃$,沸点为$-183\ ℃$;

氮气(N_2)　　熔点为$-210\ ℃$,沸点为$-196\ ℃$;

铅(Pb)　　熔点为$327.5\ ℃$,沸点为$1749\ ℃$;

铁(Fe)　　熔点为$1535\ ℃$,沸点为$2861\ ℃$;

锇(Os)　　熔点为$3045\ ℃$,沸点为$5027\ ℃$。

液体的气化也和固体的熔化一样,不同的物质有不同的温度;一般物质的熔点越高,它的沸点也就越高。

物质的温度如果不断地升高,就会威胁到分子本身的存在。因为这时候分子间相互碰撞就变得十分猛烈,有可能把分子撞开,使分子成为单个的原子。

在这种被称为热离解的过程中,当温度达到几千摄氏度时,分子就不复存在了。整个世界就将是纯化学元素的气态混合物。

在太阳表面上,情况就是这样,因为太阳表面温度大约有$6000\ ℃$。在高温下,猛烈的热碰撞不仅能把分子离解成为原子,而且还能把原子本身的外层电子去掉,这种现象叫作热电离。进一步,如果温度再升高达到几万摄氏度,甚至达到几百万摄氏度的极高温度(超过实验室中所能获得的最高温度,这在包括太阳在内的恒星内部是屡见不鲜的),此时热电离就会越来越占优势。最后,原子也完全不能存在了。

为了使物质彻底热电离,使原子核分解为单独的核子(质子和中子),温度至少要升高到几千亿摄氏度。这样的极高温度,目前即使在最热的恒星内部也还未发现(太阳的中心部分温度也只有2000万摄氏度),太阳能主要是由碳、氢循环产生的,而恒星的生命来自氢到氦的缓慢的核嬗变过程。当恒星还年轻,刚刚由星际弥漫的物质形成时,氢元素的比例超过了整体质量的50%。我们可以预料到,它还有极长的寿命。例如,根据太阳的光度,人们能判断出太阳每秒钟要消耗450万吨氢及其他。太阳的质量是 2×10^{27} t,其中有一半是氢,因此太阳的寿命理论上至少还有几百亿年。

由于太阳的总质量是如此巨大,所以太阳还可以照耀人类千秋万代。地球每分钟获取太阳的能量同太阳总辐射能量的比值大约是 $\frac{1}{2200000000}$。由此可见,地球获得太阳的能量是极小的一部分,也就是说,地球所获得的太阳能仅仅相当于太阳向宇宙空间辐射总能量的二十二亿分之一,然而就是这极小部分的太阳能,足以维持着地球上各种自然现象的进行,尤其是靠此求得生存的生命物质。伟哉,人类的太阳!奇哉,浩瀚的宇宙!

热冲击的结果使得按量子力学定律建立起来的精巧物质结构逐步被破坏,并把这座宏伟大厦变成乱糟糟的一群瞎撞乱冲、看不出任何明显规律的粒子。对于完全不规则的热运动,有一类叫作无序定律(统计定律)的新定律在起作用。

例如,太阳的能量是由它内部深处的元素在核嬗变时产生的,这些能量以强辐射的形式释放出去。这些"光微粒"或者称为"光量子",从太阳内部向太阳的表面运动。光速是每秒约 30 万千米,太阳的半径是 70 万千米。因此,如果光量子走直线的话,只要两秒多钟就可以从太阳的中心走到太阳的表面。但是事实上不是这样的。光量子从太阳中心向外行进时,要与太阳内部无数的原子和电子相互碰撞,光量子在太阳内的自由行程约为 1 cm(比分子的自由行程长多了),由于太阳的半径是如此之大,也就是约 700 亿厘米,这样,光量子就得像醉汉那样拐上多个弯,也就是光量子要想走到太阳表面,从内部中心开始需要拐上 $(7 \times 10^{10})^2$ 个弯,才能到达太阳表面。这样,每一段路需要花 3×10^{-11} s,而整个行程所用的时间即为 $3 \times 10^{-11} \times (7 \times 10^{10})^2 \approx 1.5 \times 10^{11}$ s,也就是需要花 5000 年左右。通过此例我们看到扩散过程是何等的缓慢,光量子从太阳中心走到太阳表面竟然要花上 5000 年左右才能到达,而从太阳表面光线穿越星际空间走直线到达地球,却仅仅只需要 8 min18 s 就够了。

我们在前面的一些讨论,只不过是把概率的统计定律应用于分子运动的一些简单例子。深入一步讨论,可以了解更重要的熵定律,它是总辖一切物体,小到一滴液体,大到由恒星组成的宇宙中一切有关热行为的重要定律。

让我们先复习一下计算各种简单和复杂事件的可能性(即概率)的方法。

例如,投掷硬币的时候正反面向上的概率是服从正态分布的。如果掷 100 次,可以有把握地判断正面向上的次数大致会接近 50 次。但是如果只掷 4 次。正面向上就可能出现 3 次或 1 次。实验次数越多,概率定律就越精确,这时它才成为一条法则。

在日常生活中计算概率,当要计算的对象数目很少时,这种推算往往是不准确的;而当数目增多时,就会越来越准确。这就使得在描述由多得数不清的分子或原子组成的物体时,概率定律就显得特别有用了。

例如,当你坐在房间里看书时,整个房间里都均匀地充满着空气。你可能从未遇到过这些室内的空气突然自行聚拢在房屋中的某一个角落,从而使你呼吸不到空气而窒息在椅子上的这种意外情况。不过,这件令人恐怖的事情并不是绝对不可能的,它只是极不可能产生罢了。

为了弄清这一点,设想有一个房间,被一个想象中的垂直平分面分成两个相等的部分。这时,空气分子在这两个部分中最可能出现什么样的分布呢?这个问题和前面我们提到的投掷硬币的概率一样。任选一个单独分子,它位于房屋里左半边或右半边的机会都是相等的。在不考虑彼此间作用力的情况下,第二个、第三个以及其他所有分子处在房间里左半边或右半边的机会也都是相等的。也就是一半对一半的分布是最有可能的。当数目很大时,可能性就变成了必然性。

在一间 60 m² 的房间里,大约有各种气体分子 10^{27} 个。由于气体分子间距离很大,空间并不拥挤,所以在一定体积内虽然已经有一大堆分子,却并不影响其他分子的进入。例如,有一间体积为 $5 \times 10^7 \, \text{cm}^3$ 的房间,可以容纳 $5 \times 10^4 \, \text{g}$ 空气,空气分子的平均质量为 $30 \times 1.66 \times 10^{-24} \, \text{g} \approx 5 \times 10^{-23} \, \text{g}$,所以总分子数为:

$$\frac{5 \times 10^4}{5 \times 10^{-23}} = 10^{27} \, (\text{个})。$$

这些分子同时聚集在房间右半边(或左半边)的概率为:$(\frac{1}{2})^{10^{27}} \approx 10^{-3 \times 10^{26}}$,也就是 1 对 $10^{3 \times 10^{26}}$。(简单地说,就是"几乎为零")

而另一方面,空气分子以每秒 0.5 千米左右的速度运动,因此,从房间一端跑到另一端只要 0.01 s,这就是说,在 1 s 内,房间里的分子就会进行 100 次重新分布。于是要得到完全处于右半边(或左半边)的分布,就需要等待 $10^{29999999999999999999999998}$ s。

这个数字之大真是无法形容,要知道,据理论推算宇宙的年龄迄今为止,也只有 10^{17} s。所以,你可以安心、安静地接着看你的书,不必去担心突然产生窒息而死的灾难。

因此,我们可以说:一切依赖于分子无规则热运动的物理过程,都朝着概率增大的方向发展,而当过程停止,即达到平衡状态时,也就达到了最大的概率。在前面所举房间内部气体分子分布的例子中,我们已经看到,分子各种分布的概率往往是一些很不方便计算的小数据(如空气聚集在半间屋子里的概率约为 $10^{-3 \times 10^{24}}$),因此,在进行计算时,我们一般都取它们的对数。这个数值就称为"熵"。"熵"在所有与物质无规则热运动有关的现象中起着主导作用。

至此,我们可以将前面那些有关物理过程中概率变化的叙述改写如下:

一个物理系统中任何自发的变化,都朝着使熵增加的方向发展,而最后的平衡状态,则对应于熵的最大可能值。

这就是著名的熵定律,也称为热力学第二定律(热力学第一定律就是能量守恒定律)。

从以上所举的例子中可以看出,当熵达到了极大值时,分子的位置和速度都是完全无规则地分布着,任何使它们运动有序化的做法都会引起熵的减小。因此,熵定律又称为无序加剧定律。

熵定律及其一切推论是建立在以数量极大的分子为对象的基础上的,这样,所有基于概率的推测,才会变为几乎绝对肯定的事实。如果物质的数量很少,这类推测就不那么可信了。因为在小范围内,在数量很小时,气体分子的分布是十分不均匀的。如果能把分子放得足够多,即把气体分子的数量放得足够大,我们将会看到,分子不断地在某个地方较为集中一下子,然后又散开,接着又在其他地方产生某种程度的集中,这种效应叫作密度涨落,它在许多物理现象中起着重要作用。例如,当太阳光穿过地球大气层时,大气的这种不均匀性就造成了太阳光光谱中蓝色光的散射,因而使天空呈现蓝色,同时使太阳光的颜色变得比实际上红一些。这种变红的效应在日落时特别显著,因为这时太阳光穿过的大气层最厚。如果不存在空气的密度涨落,天空则永远是黑色的,人们在白天也能看见天上的恒星。

（十一）

什么叫作"红移"？

人们是怎样认识茫茫宇宙中距离非常遥远的、众多的天体的呢？对天体的化学组成、物理性质、运动状态及其演化规律又是怎么知道的呢？正是由于光谱学方法的出现，才打开了对天体物理研究的途径。人们利用光谱仪分解太阳光束时，发现了七色光带背景上还有许多暗线。这些暗线表示不同的元素，当发射光或吸收光时，都有特殊谱线，太阳光谱中的暗线就是由相应的元素引起的。天体光谱就好比是一种密码，人们一旦识破了这种密码，就可以从中知道许多天体的知识。除了知道天体的物质成分以外，还可以通过光谱分析测量天体的温度等。

随着科技的进步，射电望远镜和大气层外探测器的出现，使天文观测的手段大大提高，天文观测的领域也扩展到了整个电磁波段。天文的视野从人类周围的太阳系、银河系扩展到了银河系以外无边无际的宇宙空间。目前各类望远镜的功率（"目力"），可以使 10 亿以上的河外星系呈现在人们的眼前。目前的光学望远镜和射电望远镜可以测出相距几亿甚至上百亿光年距离的天文目标，分辨能力已达到可以在 300 多千米以外，辨别出一根头发丝的程度。

过去，国外的天文望远镜功率较大，发现的天文目标也较多，因而在天文、物理方面基本上都是外国人获得诺贝尔奖，还没有一位中国国籍的天文学家或物理学家获得过诺贝尔奖。华裔科学家杨振宁和李政道于 1957 年获得诺贝尔物理学奖也算是对中国人的巨大鼓舞。值得高兴的是我国在贵州建成了一个超级"天眼"，也是迄今为止人类建造的最大单口径射电天文望远镜，在未来的 20～30 年，中国的这只"天眼"将保持世界一流的地位。

由于来自宇宙天体的无线电信号极其微弱，半个多世纪以来，所有当今各国的射电望远镜收集的能量尚翻不动一页纸。因此，要想获得更远、更微弱的射电，"阅读"到宇宙深处的信息，就需要更大口径的射电天文望远镜。回顾 1992 年美国的宇宙背景探测器(COBE)首次检测到了来自宇宙深处的噪声，其幅度大约为十万分之一，且证实了此声音来自宇宙深处，来自太阳系外，甚至银河系之外。彭齐亚斯和威尔逊在新泽西州荷姆德尔通过角状天线，在无意中发现了宇宙微波背景。因此，他们获得了 1998 年的诺贝尔物理学奖。

美国的哈勃利用威尔逊山天文台的 100 英寸口径的大型望远镜观测星空，1929 年哈勃发表了他的观测结果：发现了来自遥远星系的光线，它们的光谱都向红端做轻微的移动，而且星系越远，这种"红移"就越大。实际上，人们发现各星系"红移"的大小与它们离我们的距离成正比。

对于这种"红移"现象，最自然的解释莫过于假设一切星系都在离开我们，离开的速度随距离的增大而增大。这个问题事实上是宇宙间所有星系都在彼此分开罢了,而这个现象也可以说是散布在宇宙空间的各星系普遍在经历着均匀膨胀而已。

根据观测所得数据分析,宇宙的膨胀速度和当今各相邻星系间的距离的科学推导,发现宇宙的这种膨胀至少 10 亿年前就已经开始了。

哈勃的原始数据是:两个相邻星系的平均距离为 170 万光年(即 1.6×10^{19} km),它们之间相对退行的速度为 3×10^5 m/s 左右,并假设宇宙是均匀膨胀的,它的膨胀时间就可能是:

$$\frac{1.6 \times 10^{19}}{300} \approx 5 \times 10^{16} \text{ s} = 1.8 \times 10^9 \text{ 年(18 亿年)}$$

后来通过观测又发现了一些新的情况和新的数据,其计算所得到的值要比以上的计算结果更大一些。

总之,关于宇宙间"红移"现象的原因,至今还是没有完全弄清楚。但是也很有可能我们在这里(地球上)初次碰到了某种自然的新规律,而这种新规律到今天之所以没有被我们知道,是因为它只能在距我们极大距离的场合才会出现。也可以说,对于"红移"现象,也许是总星系中我们这一部分里,在我们这一个时代里的某种局部现象,是由和我们最近的星系的相对速度的分布所引起的(这种星系的轨道,正如我们银河系的轨道一样,目前还完全不知道)。而在总星系的另一部分而且是在另一个时代,可能看到完全不同的一种视线速度分布。

有理由认为,在宇宙的历史开端(是否有开端也是一个理论上有争议的问题），在宇宙的胚胎阶段，所有用当今威尔逊山天文台望远镜（观察半径为 5 亿光年）看到的一切物质都被挤压在一个半径 8 倍于太阳的球体内（太阳半径为 70 万千米，8 倍于太阳的球体直径大约为 1120 万千米），而我们的银河系圆盘直径为 10 万光年，而 1 光年又可换算为 10 万亿千米。因此，相对于银河系圆盘直径，8 倍于太阳球体直径的 1120 万千米，是很小很小的。形象地讲，如果把银河系缩小到原来的一万亿分之一，那么太阳将变成芝麻那样大，而地球和其他行星就小得必须用放大镜才能看得见。用这个比例尺来看一个 8 倍于太阳的假想物体，此时，该物体还不如一粒黄豆大，而我们的银河系直径仍然有 100 万千米。宇宙的胚胎阶段，一切物质都被挤压在一个半径 8 倍于太阳的球体内，因此可以说，当时的宇宙体积几乎为零。当时的宇宙是非常紧密的，也就是存在一个极小体积，因而是有极高密度、极高温度的奇点，所以当时的宇宙也是无限热的！

又根据核液体的密度为 $10^{14}\,\mathrm{g/cm^3}$，而目前空间物质的密度为 $10^{-30}\,\mathrm{g/cm^3}$，所以宇宙的线收缩率为：$\sqrt{\dfrac{10^{14}}{10^{-30}}}=5\times10^{14}$。因此，$5\times10^8$ 光年（即 5 亿光年）的距离在当时只有 $\dfrac{5\times10^8}{5\times10^{14}}=10^{-6}$ 光年（即 1000 万千米）。

在这种极为致密的状态下，宇宙物质被挤压在这样一个球体内的状态，想来也是不可能长期存在的。在这种情况下，要不了一两秒钟,在迅速的膨胀作用下,宇宙的密度就将达到水的几百万倍,几小时后就会达到水的密度。大约就在这个时候,原先连续的气体会分裂成单独的气体球,它们就是今天的恒星。在不断的膨胀下,这些恒星后来又被分开,形成各个星云系统,它们就是当今的各个星系,如今仍在向着不可测的宇宙深处退去。

我们现在可以自问一下,造成这种宇宙膨胀的作用力是什么样的一种力呢? 这种膨胀将来会不会停止,并且转变成为宇宙收缩呢? 宇宙是否可能会掉过头来,把银河系、太阳、地球和人类挤压成具有原子核密度的凝块呢?

我们根据目前较为可靠的科学情报,估计这种事情是绝不会发生的。因为在很久以前,在宇宙进化的早期,宇宙冲决了一切束缚自己的锁链——这锁链就是阻止宇宙物质分离的重力——膨胀了。因此,它们就会遵照惯性定律接着继续膨胀下去。这也就是说,宇宙会无限地膨胀下去,而不会被它们之间的引力重新拉近。根据当前的理论,宇宙还会继续膨胀,即使宇宙真的会停止膨胀并回转过来进行收缩,那也需要几十亿年的时间。

然而值得注意的是,今天人们所掌握的有关宇宙的各方面的数据,总的说来,都是不那么准确的。如果将来的进一步研究把过去得到的整个结论颠倒过来也不足为奇。这是因为今天人类主要靠数学计算来分析和研究所观测到的结果,而不是亲眼所见,更不是有人亲自接触和有什么实证。我们必须认识到,所谓理论只不过是宇宙或它的受限制的部分的模型,此模型只存在于人们的头脑中,还属于纸上谈兵的阶段,未经实践所检验。因此这些模型不管在任何意义上来说,都不具有其他的实在性。

（十二）

什么是哥德尔的"不可判定性"？

霍金曾经说，哥德尔因证明了"不完备性定理"而名震天下。该定理是说，不可能证明所有真的陈述，即使你只试图证明像算术这么简单明确而且枯燥的学科中所有真的陈述也是不可能的。这个定理也是我们理解和预言宇宙能力的基本极限。

1931 年，哥德尔的"不可判定性"结果破坏了数学大师希尔伯特的必然性。哥德尔的证明也是思想史上最完善的成果之一："没有一个有意义的形式系统能够强化到足以证明或反证它所能提出的每一个语句。"这也就是说，哥德尔证明了在数学中总有一个不可知。也就是人们常说的凡事要想打破砂锅问到底是得不出结果的。

一个没有学过高等几何或几何基础的人，对希尔伯特的公理体系可能弄不太清楚，因而对哥德尔的"不完备性定理"（也称"不可判定性"）也不知是怎么一回事。下面就简要地介绍一下这个问题。

人们对欧几里得几何并不陌生，然而对欧几里得的《几何原本》就不一定十分清楚了。《几何原本》在逻辑上存在许多缺陷，人们发现该著作在逻辑结构上有许多不足，而最严重的不足是该书在论述中做了许多默认的假定，而这些假定是它的公设所不能承认的。例如对直线的无界和无限没有分清楚，直线可以无限延长，但直线不一定意味着是无限的,而只意味着是无端的或无界的。然而欧几里得不自觉地假定了直线的无限性。他的某些原始定义也受到批评。欧几里得曾经试图给其论著中的所有术语下定义。然而,要明确地定义一篇论述中的所有术语,实际上是不可能的。因为,一个术语必须用另一个术语来下定义,而这些定义还要用别的术语来定义,可以一直类推下去。例如像点和线的定义,"点没有部分"和"线有长无宽"显然是循环的定义,所以从逻辑上来看,这是令人遗憾且不适当的。

因为任何一个公理体系必然要使用一些不加定义的原始概念,几何学也不例外。因此,对"点""线""面"等下定义既是不可能的,也是不必要的。同时,《几何原本》的公理是不充足的,缺少至关重要的顺序公理、连续公理以及合同公理。因此,作图凭偶然,证明靠直观,逻辑欠严密。英国的哲学家罗素对《几何原本》的批评是:欧几里得的定义并不总是下了定义的,欧几里得的公理并不总是不证明的,他的证明需要许多他还没有完全意识到的公理。一个正确的证明,即使没有画出图形,也仍然能保持其理证的力量。但是在这个检验面前,欧几里得的许多早期证明就站不住脚了。

直到19世纪末20世纪初,几何学的基础被深入研究之后,才为欧几里得的平面几何和立体几何提供了令人满意的公设集合。

1899年,希尔伯特的名著《几何基础》问世,此书集欧几里得以来两千多年几何研究成果之大全。用近代观点给出了一个自然、简明、全面、严格的初等几何公理系统,从而使《几何原本》的缺陷得到了根本克服。

希尔伯特对公理提出了三条逻辑上的要求。第一条,公理应该是协调的:从给出的公理出发,不应推出互相矛盾的结果。第二条,公理应该是独立的:不应该有多余的能从其他公理及命题逻辑地推导出来的公理。第三条,公理应该是完备的:从给出公理出发,无需加入新的公理,就能通过逻辑推理,建立起完备的理论体系。换而言之,公理系统必须是够用的。

希尔伯特的功绩在于通过构筑算术模型,将欧氏几何的概念以及相互关系做出相应的算术解释,将欧氏几何的公理转化为算术命题,从而将欧氏几何的协调性归结为算术公理的协调性。因为从直观上让人们相信算术公理是协调的,也就是相信欧氏公理体系协调得到了解决。希尔伯特不满足于这点,试图对公理体系的协调性给出一个绝对的证明,但是没有成功。

1900 年,希尔伯特在巴黎国际数学家第二次代表大会上做了题为"数学问题"的历史性报告。在报告中,他提出了 23 个尚未解决的重大数学问题。这推动了 20 世纪数学的研究和发展,能够解决其中某一个问题的人,都会成为世界上数学方面的著名人物;同时,该成果也会被人们认为是数学史上的一项了不起的光辉成就。由此可见,这 23 个数学问题的威力是如此巨大。而对于算术公理体系协调性的证明,就是希尔伯特 23 个数学问题中的第 2 个问题。

由于多种几何公理体系的模型都能与算术模型同构,因而,证明了算术公理体系的协调性问题,就意味着许多几何模型各自协调的问题得到了解决。1931 年之前，希尔伯特的巨著《数学基础》是形式主义学派的"数学原理"。希尔伯特曾指出解救古典数学是成功还是失败全在于相容性问题的解决与否。希尔伯特希望以适当的公理体系来证明，矛盾的公式永远不出现。

1931 年哥德尔指出：想要像希尔伯特体系对整体古典数学那样，用属于此体系的方法证明此体系的相容性是不可能的。这个著名的结论是一个更为基本的成果的推论；哥德尔证明了希尔伯特体系的不完全性——即他证明了在这样的体系内存在"不可判定的"问题（如体系的相容性就是其中之一）。

（十三）

杨振宁、李政道获诺贝尔奖简介

1956 年 10 月年仅 35 岁的杨振宁教授和年仅 31 岁的李政道教授，发表了一篇论文《弱相互作用中宇称不守恒》（原名为《对弱相互作用中宇称守恒的质疑》），此文刊登于 1956 年 10 月 1 日的世界权威杂志——美国《物理评论》上。此成果于 1957 年 10 月就获得了诺贝尔物理学奖，应该说这是世界上获诺贝尔奖最快的科研成果之一。

对称性是自然界的普遍属性之一，也是人类生活中喜爱的原则之一。而对称变换是指一个物理系统（对象）从一个状态变换到另一个状态的过程。如空间对称性（包括空间平移、空间旋转等）、时间对称性。

1918 年德国诺特给出了一条定理（简称"诺特定理"），说的是：物理规律中每有一种对称性，会相应地存在一条守恒定律。此定理在经典物理中得到普遍证明，后来推广到量子力学中，仍普遍成立。

例如，时间平移的不变性，400 多年前比萨斜塔上的自由落体实验，在今天也一样（亦即"科学真理是永恒的"）。再如，空间平移的不变性，如比萨斜塔自由落体实验，在苏州虎丘塔上来做也是一样的（亦即"真理是放之四海而皆准的"）。

关于宇称与守恒简言之如下：

左手在平面镜中的像（简称"镜像"）是像的右手（这是尽人皆知的常识）。

镜像与原物之间存在一种重要的对称性——即镜像对称（也称为左右对称）。

将以上所说换成较为学术一点的语言就是：

若有两部分形体，其中一部分是另一部分在平面镜内的像，则称它们为镜像对称，也称为左右对称。就是这种镜像对称发展成为了微观世界中的宇称。

因为物理定律一直显示出左右之间的完全对称，这种对称在量子力学中，形成了一种守恒定律，被称为宇称守恒。它和左右对称完全相同。

在自然界中发生的任何过程，如果我们在平面镜中看它，则看到的过程也在自然界中发生，这样自然界是镜像对称的。如此说来，自然规律在镜像反射下是不变的。而长期以来宇称守恒被人们认为是普遍规律。

自然界中存在四种相互作用（即四种力或四个场）。它们分别是：

（1）引力相互作用。引力是万物都有的，每一个粒子都会因它的质量或能量而感受到引力。引力比其他三种力都弱得多。但它能作用到大距离去，且它总是吸引的。

（2）电磁相互作用。长程吸引力，但它不与不带电荷的粒子相互作用，很强，能作用于电磁物体（场）之间，它在原子和分子的小尺度下起主要作用。

（3）强相互作用。短程力，很强，如核子之间的作用力，它将质子和中子的夸克束缚在一起，并将原子核中的质子和中子束缚在一起，它在高能量下会变得很弱。

（4）弱相互作用。在原子核衰变中出现，较弱，也是短程力，它负责放射性现象。只作用于自旋为 1/2 的所有物质粒子。1967年，温伯格提出了弱作用和电磁作用的统一理论后，弱相互作用才被人们较多地了解。此理论展现了称为对称自发破缺的性质，这意味着在低能量下一些看起来完全不同的粒子，事实上都只是同一种粒子处于不同的状态，但所有这些粒子在高能量下都有相似的行为。

从上面列举的四种相互作用（即四种力）来看，关于宇称守恒原理的论述，并未区分它适用于哪些相互作用。这就表明在 1956 年之前，物理学家们一直认为在任何相互作用过程中宇称必定守恒。

历史行进到 1953 年，人们发现了两种奇异的介子：θ 介子和 τ 介子。θ 衰变能产生两个 π 介子，τ 衰变能产生三个 π 介子，而 π 介子的宇称都为 -1，这可以推出 θ 和 τ 具有不同的宇称，应该是两种不同的粒子，于是 θ-τ 奇怪的特性成为国际物理学界的头等疑难和中心热门话题。此时，杨振宁和李政道已开始对 θ-τ 的疑难进行研究，并在罗切斯特大会上由杨振宁做了一个引介报告。1956 年 5 月初的一天，杨振宁、李政道二人在哥伦比亚大学李政道的办公室进行了激烈讨论，并取得了关键性的突破：把宇称守恒是否成立，单独放在弱相互作用中来检验。经过几周的详细数值分析,终于得到了重要发现:虽然在强相互作用和电磁相互作用范围内,宇称守恒得到了较严格的证明,但"和一般所确信的相反,在弱相互作用中,实际上并不存在左右对称的任何实验证据"。此时杨振宁、李政道二人以无比的胆识和巨大的创新精神,突破性地提出在弱相互作用中可能宇称不守恒的革命性理论。

这是 20 世纪尖端科学领域中,中国科学家所爆发出的最强烈的一声华夏春雷!它响彻寰宇!它震惊世界!它向全世界宣告:中国人有能力攀登上科学世界的最高峰!

对此还应当提及吴健雄博士。因为宇称不守恒(在弱相互作用下)理论的提出还需要有具体实验的证实,而此项证实实验是由吴健雄博士完成的。

因为核能级、核衰变、中微子、弱相互作用等都需要通过 β 衰变来进行研究。1957 年 1 月吴健雄发表的《钴-60 极化核 β 衰变不对称性》一文,证明了《弱相互作用中宇称不守恒》,从而促进了 1957 年杨振宁和李政道两位教授的获诺贝尔物理学奖速度。人们都认为吴健雄博士应该与杨振宁、李政道二人同时获得诺贝尔物理学奖,但是未果。有人认为这是瑞典诺贝尔奖奖金委员会的一项大的败笔!杨振宁、李政道的《弱相互作用中宇称不守恒》获诺贝尔奖是实至名归,是 20 世纪科学史上最重要、最重大的革命性突破之一。有人认为杨振宁、李政道的这项成果使物理学家找到了一条走出"宇宙丛林"的道路。

（十四）

神奇的中微子

抗日战争期间,国立浙江大学先搬迁至贵州遵义办学,其中的物理系在永兴,物理系教授束星北在永兴教低年级基础物理课,而李政道当时不满 17 岁就考取了浙江大学化工系,由于束星北和王淦昌两位教授在此办"物理讨论班",而此时李政道对这个讨论班很感兴趣,就从化工系转入物理系学习。

这个时候的王淦昌教授就一直关注着中微子探测的进展。1941 年王淦昌提出了探测中微子的方法,但由于当时办学条件简陋,无法亲自动手做探测实验,于是便写出论文《关于探测中微子的建议》寄往美国《物理评论》杂志,该杂志于 1942 年(也就是霍金先生出生的那一年)1 月刊出了王淦昌教授的这篇论文,从而使得王淦昌教授名声大震。王淦昌的论文在美国发表 5 个月后,美国物理学家艾伦就在《物理评论》上发表了实验报告——《一个中微子存在的实验证据》。

1947 年,美国科学促进会发行的纪念刊《近百年来科学之进步》中王淦昌教授被列为贡献人之一。40 多年后,美国科学家莱因斯首先发现了中微子,并因此获得诺贝尔物理学奖。对此王淦昌曾感叹地说:"那时我只有 30 多岁,对于科学工作者来说,正是黄金时代,但令人遗憾的是那时设备条件太差,许多好的思想和理论无法进行验证,如果条件能够稍微好一点,我们会做出更多、更好的科研成果。"也许发现中微子的诺贝尔奖会是王淦昌的。

与诺贝尔奖擦肩而过的王淦昌教授没有想到的是,10 多年后的 1957 年 10 月,他的学生李政道为自己弥补了终生的遗憾。

中微子的存在最终是用数学方法中的"反证法"发现的。这个令人振奋的发现不是始于人们觉察到什么东西,而是由于人们发现少了某种东西(少了一些能量)。因此,有人把中微子戏称为偷能贼。

人们根据已知的高速粒子与物质相互作用的事实,可以断定,中微子是不带电的轻粒子,很难为现有的一切物理仪器所察觉,它可以不费吹灰之力地在任何物质中穿过极远的距离。对于可见光来说,只需要用一层金属膜即可把它完全挡住;对于穿透力很强的 X 射线和 γ 射线,在穿过几厘米厚的铅块后,强度也会显著降低;然而对一束中微子,它可以优哉游哉地穿过几光年厚的铅!无怪乎用了很多方法都观测不出这种神秘的中微子,只能靠它们所造成的能量赤字来判断和发现它们!中微子一旦离开原子核,就再也无法捕捉到它了。可是,人们有办法间接地观测到它离开原子核时所引起的效应。

当你用步枪射击时,枪身会向后坐顶撞你的肩膀;大炮在发射重型炮弹时,炮身也会向后坐。力学上的这种反冲效应也应该在原子核发射高速粒子时发生。事实上,人们确实发现,原子核在 β 衰变时(原子核内的电荷调整叫作 β 衰变,放出的电子叫作 β 粒子),会在与电子运动相反的方向上获得一定的速度。但是事实证明,它有一个特点:无论电子射出的速度是高还是低,原子核的反冲速度总是一样的。这可就有点奇怪了,因为人们本来认为,一个快速的抛射体所产生的反冲会比慢速抛射体强烈。这个谜的解答就在于,原子核在射出电子时,总是陪送一个中微子,以保持应有的能量平衡。如果电子速度大、带的能量多,中微子就慢一些,反之亦然。这样,原子核就会在两个微粒的共同作用下,保持较大的反冲。如果这个效应还不足以证明中微子的存在,恐怕就没有什么能够证明它了。

再后来,人们在实验室利用逆 β 衰变源探测到了中微子。

$$\bar{v}_e + p \rightarrow n + e^+$$

即中微子和质子反应产生中子和正电子,只是反应几率非常低,所以需要大量中微子源和大量靶核。现在人们探测中微子的实验就是利用的这一原理,且国际上主要的中微子探测器也是利用这一原理。

（十五）

谈谈"黑洞"

简单地说，黑洞就是宇宙空间中又黑又空的洞。它是一种理论上预言而至今尚未找到的奇怪天体，它与其他天体本质上的差别就在于它的引力作用占绝对优势。它的质量很大、半径很小，因而在密度极大的星体周围，存在着极其强大的引力场。

1789 年拉普拉斯曾预言："宇宙中最明亮的天体，是我们所看不见的天体"，而这就是"黑洞"。爱因斯坦广义相对论所预言的黑洞是一种特殊天体，它的基本特征是具有一个封闭的视界。人们虽然看不见黑洞，但是通过强力场的存在，黑洞的质量、角动量（描述物体转动状态的物理量，每个质点的角动量等于质点质量 m、质点的转动速度 v 和质点绕中心转动的轨道半径 r 三者的乘积，即角动量 $= mvr$）以及电荷对外界产生的影响，便可以描述黑洞的全部特征。

目前科学界认为最有可能是黑洞的天体，也许就是如天鹅座 X-1（一颗 X 射线星）这样的星体。

由火箭和天文卫星带上高空的 X 射线望远镜已经在我们银河系星盘的 1000 亿颗恒星中探测到大约 100 颗非常明亮而可变的 X 射线星。一颗典型的 X 射线星在 X 射线波段内发射的功率等于太阳在所有波段上发射的功率的几千倍。这种天体出现的频数大约是每 10 亿颗恒星中只有一颗,因而属于最罕见、最吸引人的天体。由于装在卫星上的 X 射线望远镜进行了比较精密的观测,现已确定:至少有 6 颗可变而持久的 X 射线星存在于银河系的球状星团中。球状星团是靠自身引力维持的系统,平均由 10 万颗恒星组成,而今已经知道的球状星团约有 130 个,可能还有 70 个受到星际尘埃云所阻挡还没有被发现。这些球状星团分布在银河系的"晕"中,即位于被银盘平分的球状区域中。

美国麻省理工学院物理教授克拉克通过装在卫星上的 X 射线望远镜已经发现了 30 多颗 X 射线"爆发星",它爆发出短促而明亮的、延续数秒钟的 X 射线。在有些场合下,这种爆发以小时或天计算的时间内相当规则地重复发生。有一颗独特的快速爆发星可以产生一连串爆发,频率高达一天几千次。在一次时间为 10 s 的典型爆发中,X 射线通量可以超过太阳在一星期中全波段发出的总能量通量。

哪一类天体能够产生 X 射线星这样巨大功率的 X 射线呢?可以有把握地说,X 射线星是这样一种星的致密遗迹,这种星体在耗尽了它的核能源之后在自身引力作用下发生坍缩。它们的 X 射线是在吸积过程中发生的,在吸积过程中,掉向坍缩星的物质的引力势能转化为几百万摄氏度高温的热量,以 X 射线光子的形式发射出来,X 射线光子的能量大多在 1000～50000 eV 之间。所以为了造就一颗 X 射线星,自然界就得同时具备一个致密恒星遗迹以及一个能以适当速度供应吸积过程的物质源。

如果一个双星系中一颗星仍在进行核燃烧，而靠得很近的另一颗是已经烧尽的坍缩星，则这个系统就两种成分都具备了。在某种条件下，物质将从燃烧核燃料的星流向致密星来维持吸积过程。X 射线爆发可能是由于物质流的间歇性中断引起的，中断使物质堆聚起来，然后又一下子倾泻到坍缩伴星的表面上。这种双星系中的致密星就是中子星或者黑洞。中子星的质量大约等于太阳的质量，但中子星的半径都大约只有 10 km；黑洞则完全被包含在一个临界半径之内，在此半径的距离处，引力场强大到连光也不能从中逃脱的程度。

虽然黑洞的存在还是一个争论中的问题，纯粹建立在数学理论的推导上，但是如果一个天体的质量足够大，而其角动量又足够低，那么它看来便是无法幸免于最终坍缩成为黑洞的。

银河系中的球状星团，现在认为是在 100 亿～130 亿年前由原星系在引力坍缩的过程中形成的，原星系是由氢和氦构成的一团巨大的气体云。在这个原星系云收缩时，密度较高的局部区域受自身引力作用，在较短的时间内收缩而成为球状星团。星团一经形成，它们就作为整体在原星系云中沿着银河系的普遍引力场所决定的轨道运行，轨道周期为若干亿年。原星系云中剩下的气体继续收缩，在一段可同星团轨道周期相比拟的时间内，它们坍缩为一个旋转的薄盘，在其中形成银河中的恒星。而星团仍然在巨大的轨道上运动，它们分布在原来生成时所在的区域中，也就是银河系的球状晕中。

根据当前天文观测结果得出的结论：已经有几亿中子星形成，并正在银河系的银盘中游荡着，其中只有那种十分邻近的和十分年轻的中子星才能作为脉冲星被观测到。理论研究表明，3 倍于太阳质量以上的天体不存在稳定态，当质量超过某个临界值时将使中子星坍缩为黑洞。

普林斯顿大学和加利福尼亚大学的学者提出假设：对于银河系中球状星团 X 射线星来说，这种 X 射线源就是大质量黑洞；同时，星团的稠密核心在经过一场崩溃性的中心坍缩之后，其中的恒星也会合并起来形成黑洞。然而，一个明显的事实是，解决这样的多体问题在数学上和计算上都存在着难以克服的困难，所以一直到今天，这种恒星崩溃性的合并究竟能否发生都未有定论！但大质量黑洞学说的倡导者仍坚持在高度稠密的球状星团中存在着黑洞。

（十六）

丁肇中、里希特发现新粒子

对于基本粒子这一层级，物质只有极少数的几种性质。一个粒子可以有质量或者能量，可以有动量（包括自旋的内禀角动量），也可以有电荷。此外，粒子还有一些更神秘的性质，如奇异性。但是有奇异性的粒子不是很多。大多数情况下，用 6 种性质就能完全描述了一个粒子。

因为物质的基本属性只有这样少数几种，发现一种新的性质自然就成为物理学中的一件大事。例如 20 世纪 60 年代发现了一种新性质称为粲数。因为普通物质的原子并不带有粲数，因而只有在粒子高能碰撞的碎片中才能观察到它。

1974 年，第一次暗示了粒子存在粲数。当时所发现的粒子只是用了一种隐蔽的方式带有粲数。后来，明显带粲数的粒子也被探测到。当然这些新粒子无疑都是高能物理学中最重要的发现。但更重要的是，在了解粲数的来龙去脉的过程中，物理学家们把普通物质的结构也弄得更清楚了。

在自然界里观察到的大部分粒子都可以分成两类：轻子和强子。轻子包括 4 种已知粒子：电子、μ 介子以及 2 种中微子。轻子和夸克是现今被看作基本粒子的最主要的两类粒子。两者似乎都是简单的点状实体，既无内部结构又无可测量的大小。已知的 4 种轻子成对排列。在原始的夸克理论中,只有 3 种夸克,上夸克 u 和下夸克 d 形成一对,但奇夸克 s 却无伙伴。粲数为夸克理论加上了第 4 个夸克(c 夸克),这就建立了轻子和夸克之间的对称性。

有一种被广泛接受的理论认为强子完全不是什么基本粒子,而是由几种更简单的组元组成的复合粒子,这种组元就叫作夸克。夸克和轻子在很多性质上是十分相似的,如它们都是简单的点状粒子。但是,毫无疑问,夸克和轻子不会是同类粒子,因为主导夸克之间的相互作用的力对轻子就完全没有作用。

自然界中物理学家认识的基本作用力有 4 种,按强度增加的顺序,它们是引力、弱作用力、电磁力和强作用力。引力影响到所有的粒子,它的力程是无限的(即长程力),但是引力对亚原子粒子的效应可以忽略。弱作用力同样影响各种物质,虽然它比引力强许多个数量级,但它仍然是很弱的,只有当强相互作用被禁锢时,它才是可观察的。电磁力只对带电粒子有作用。电子、μ 介子和所有夸克都是这类粒子。电磁力把原子结合在一起,物质几乎所有的宏观性质(包括化学性质在内)都和电磁力有关。

强作用力可以把轻子和强子区分开来。根据夸克理论,把轻子和夸克分开的力正是强作用力。无论哪种轻子对强作用力都不敏感,只有夸克和强子(假设强子是由夸克构成的)才能感受到强作用力的影响。夸克可以通过弱作用力和电磁力同轻子发生相互作用,但是夸克之间的相互作用几乎只能通过强作用力起作用。强作用力比电磁力要强 100 多倍,在现在所研究的能量下,它比弱

作用力要强 10^{10} 倍。

只用很少的几种夸克和轻子来说明各种各样的物质，这种理论虽然是十分经济的，但对此必须有所保留。因为这个理论虽然已经得到广泛的承认，但完全没有证据说明夸克能单独存在。到目前为止，还没有人能从强子中把夸克萃取出来。事实上，也有一些理论家认为，或许夸克就是那么死死地被缠在强子里面，要在实验室中把夸克分离出来是绝不可能的。所以夸克的存在性也是一个问题，现在只能把夸克看成一种手段，来解释实验上所观察到的粒子之间的相互关系。

1963 年，加州理工学院的牟雷·盖尔曼等人提出了夸克假说。在这个概念的最初提法中，只有 3 种夸克（即上夸克 u、下夸克 d 和奇夸克 s），而相应的 3 种反夸克则分则分别记为 $\bar{u}, \bar{d}$ 和 $\bar{s}$。根据一些简单的规则把夸克和反夸克结合起来就组成强子。一个夸克和一个反夸克结合起来得到的强子叫作介子。例如，带正电的 π^+ 介子就是由 u 夸克和 $\bar{d}$ 反夸克组成的。另一种允许的组合是把 3 个夸克束缚在一起，这样得到的强子叫作重子，它们包括质子（夸克成分是 uud）和中子（夸克成分是 udd）。而三个反夸克还可以结合成反重子。根据强子的组成成分——夸克的指定性质，人们就可以直接解释观察到的强子的性质。

根据夸克组合起来的规则，所计算出来的量子数，就能说明强子的所有性质。每一个已知的强子都可以解释成是一个夸克和一个反夸克的组合，或者是三个夸克的组合，并且每种允许的夸克组合都对应于一种已知的强子,且没有留下任何空位。

这种对强子进行分类的体系是完备的,可是 1974 年发现的新粒子却向它提出了挑战。这种新粒子是强子,但是 3 种夸克的任何允许的组合都不可能得出这个强子,因为这 3 种夸克的所有组合都早已被说明了。

在大约相同的时间,有两个实验小组相互独立地发现了这个新粒子,但他们采用的实验技术十分不同。一个实验小组的成员来自麻省理工学院和布鲁克海文国家实验室,他们是在布鲁克海文国家实验室进行的一项实验中发现这个新粒子的,并且给这个新粒子取名为"J"。另一个实验小组是由斯坦福直线加速器中心和劳伦斯伯克利实验室的物理学家们组成的,这个小组在斯坦福直线加速中心的一项实验中得到了新粒子存在的证据,他们选择了希腊字母"ψ"来标记这个新粒子。1977 年这两个实验小组的领导人,麻省理工学院的物理教授丁肇中(华裔科学家)和斯坦福直线加速器中心的里希特,因为这个共同的突出发现而一起获得了诺贝尔物理学奖。

新粒子的质量大约是 31 亿电子伏特,也就是质子质量的 3 倍多,这使得新粒子成为已经知道的最重要的粒子之一。

夸克模型是当今世界探索强子结构最成功的模型,它是在前人对强子进行分类研究的基础上,于 1964 年由牟雷·盖尔曼等人提出的。该模型认为强子是由更基本的粒子(夸克)构成的。几乎与此同时,中国的科学工作者也提出了"层子模型",认为强子是由更深的物质层次即层子(国外称为夸克)构成的,而层子本身也还是无限可分的。这方面的工作也曾引起国际上的重视,但限于当时的国内环境(1966 年)以及经济实力不强、实验设备简陋,因而未成气候。

丁肇中和里希特在 1976 年获得诺贝尔奖时,对他们各自领导的实验小组所发现的新粒子 J 和 ψ 统称为 J/ψ 粒子。此新粒子已被证实是由粲夸克和反粲夸克构成。J/ψ 粒子的发现为夸克粒子的存在提出了强有力的证据,因而为全世界所瞩目。1977 年发现了 γ 粒子,为了解释它的存在,必须引入第五种夸克,称为底夸克 b,γ 粒子的结构是 $(b\bar{b})$,1995 年又发现了第六种夸克称之为顶夸克 t,b 夸克和 t 夸克与前 4 种夸克一样,重子数都是 $\dfrac{1}{3}$,自旋都是 $\dfrac{1}{2}$。

对于物质微观结构的探索,最终集中在两个方面,即解决粒子间的相互作用力问题以及物质结构的最小"基元"的问题。这二者又是互相紧密联系着的。

1954 年,杨振宁和米尔斯建立了普遍的规范物理论,为描述各种基本相互作用提供了一个确定的框架。如电磁场就是一种规范场,传递电磁相互作用的规范粒子就是光子。1968 年,温伯格、萨拉姆和格拉肖在规范场的基础上,建立起了弱电统一理论。这一理论认为,在低能范围内,传递弱电相互作用的四种规范粒子,表现为传递电磁相互作用媒介的光子和传递弱相互作用媒介的 $W^{\pm}$ 和 Z^0 粒子;而在高能范围内,电磁作用和弱作用表现为一种统一的作用。在 1983 年发现的这一理论所预言的 $W^{\pm}$ 和 Z^0 粒子的实验,证明了弱电统一理论的正确性。

组成强子的夸克之间的强相互作用也可以用规范场来描述，按照这一理论，传递强相互作用的规范粒子称为胶子，这就是描述强相互作用的量子色动力学。已有一些实验符合这一理论所预言的结果。1979年，丁肇中领导的小组首次找到了支持胶子存在的证据，胶子有很强的力量能把夸克和夸克"粘"在一起，这给强子是由夸克组成的理论以新的支持，从而使人们对研究量子色动力学的信心大为增强。

1974年，乔奇和格拉肖在弱电统一理论和量子色动力学的基础上，又提出了大统一理论。这个理论认为存在一种统一的相互作用，在低能范围内，表现为弱相互作用、电磁相互作用和强相互作用；而在高能范围内，它们就统一了起来。这一理论有较大进展，但尚无实证。

现在已知的夸克共有36种，发现的轻子和反轻子共有12种，如果认为夸克和轻子是基本粒子，则总数已达48种。进一步考虑，夸克和轻子间有什么联系，它们又是由什么"基元"组成的，这就是所谓的亚夸克问题。这一理论近年来也取得了一些进展，但主要问题仍然缺乏实验证明。

总之，粒子物理学发展十分迅速，成绩也很突出，但最终答案似乎还距离我们很远。不过人们还是在进行着不懈的努力，以便最终建立起一个有关相互作用力和物质微观结构的大统一理论。

（十七）

银河系·新星爆发

银河系是比太阳系更高层次的巨大的天体系统，它主要由1000多亿颗恒星组成，而我们的太阳只是其中的1颗恒星，而且太阳也只能算银河系的1颗普通的恒星，这颗普通恒星有多大？如果我们把银河系缩小到原来的一万亿分之一，则地球和太阳之间的距离只有15 cm，此时整个太阳系的直径也只有12 m；然而相对于整个银河系的直径却仍然有$1×10^9$ m！由此可见，单独银河系就是宇宙间的一个多么庞大的恒星系统。

银河系中的恒星是由炽热气体（等离子体）构成的，是能自行发光发热的球状或类球状天体，这些天体质量巨大，其内部不断进行热核反应，并向外部不断抛射物质。它也是宇宙中数量最多、最重要的天体。

银河系中恒星的成分大都是氢，约占70%，氦约占28%，其余成分为碳、氮、氧、铁等多种元素。颗颗恒星同我们的太阳一样光芒四射，只是离地球太远，人们肉眼不容易看到。这些恒星在高温高压条件下，内部不断地进行着热核反应，成为产能基地；通过对流和辐射，不断地向宇宙空间输送出巨大的光能和热能。

由于恒星离我们的距离十分遥远，以至于无法分辨出它们大小差异和距离远近。通常用来测量恒星距离的单位有以下几种：

①光年。

1 光年等于 94607 亿千米。

太阳到地球的光行时是 8 min18 s；

离太阳最近的恒星是半人马座比邻星，距离太阳 4.22 光年。

人们所看到的星空图像反映的是不同恒星在不同历史时期的面貌，称为星空的不等时性。

②秒差距。

恒星周年视差为 1″（秒）时的恒星距离叫作 1 秒差距。

③天文单位。

1 天文单位（即地球和太阳的平均距离）＝1.496 亿千米。

1 光年＝9.46×10^{12} km＝63241 天文单位。

1 秒差距＝206265 天文单位≈3.26 光年。

关于恒星的光度和恒星的亮度的区分：人们肉眼所能看见恒星的明暗程度称为视亮度[用视星等（m）表示]；而对于恒星的真正发光本领则称为光度[用绝对星等（M）表示]。国际上规定：将恒星移到距地球 10 秒差距（即 32.6 光年）处，恒星所具有的视星等，称为绝对星等。例如，太阳处在 10 秒差距的地方，其绝对星等仅 4.9，就成为一颗十分暗淡的星了。

恒星光谱是由连续谱和吸收谱组成的，不同恒星的温度、密度、压力、磁场和化学成分等表现为不同的恒星光谱，人们通过对遥远恒星的光谱进行分析，就能够知道与恒星有关的物理性质和化学性质。

恒星世界五彩斑斓、多种多样,但大多数恒星大同小异,也有少数与众不同的恒星,例如变星、脉冲星和中子星等。

变星是指在较短的时间内(几年或更短)亮度发生明显变化的恒星。其中又分为几何变星、脉动变星和爆发变星三类。如新星和超新星就是一种爆发变星。其中光度在几天内突然增加 9 个星等以上,亮度增大几万倍甚至几百万倍,这样的恒星称为新星,如果光度增加得更大,比如增加到千万倍至亿倍的变星,人们就称之为超新星。新星并非是新出现的星,而是恒星演化到后期的一种现象。例如金牛座的蟹状星云,就是 1054 年 1 颗超新星爆发后的余迹,据我国文献记载,当时它最亮时比金星还亮,白天都能看到。

金牛座的蟹状星云的核心就是 1 颗中子星。由于恒星演化到后期,发生超新星爆发,爆发后核心部分急剧收缩,内部物质在高温高压条件下,把电子挤入原子核内,电子与质子结合成中子,从而形成中子星。中子星的特征是:具有恒星般的质量(可达到太阳质量的两倍),具有行星般的体积(直径一般只有 10 km 左右),因而其密度极大,中心可达 10^{10} g/cm^3,而且具有极强的磁场,磁场强度高达 10^{12} 高斯。

因为一个由基本粒子组成的物质系统,当密度很大时,就会形成大量的"中子"(中子是一种质量比质子大一点的不带电荷的基本粒子),要使质子和电子合成中子,电子的能量需要大于 80 万电子伏特。然而,当密度超过 1×10^8 g/cm^3 时,相当大的一部分电子的能量,就会超过 80 万电子伏特。这样,只要密度足够大,质子和电子就会合成中子,在恒星内部形成一个中子核心。如果外层的普通物质落入其中,就会和中子结合而形成较重的原子核,同时释放出巨大的能量,产生新星或超新星爆发现象。如果整颗恒星从内部到外部密度都很大,就有可能全部或几乎全部由中子组成而成为中子星。

1963 年,发现河外星系 M82 的核心部分发生了宇宙间迄今所知的最猛烈的一次大爆炸,由其核心抛射出来的物质,其质量约等于太阳质量的 500 万倍!速度约为 10^6 m/s。有人用哈勃望远镜对河外星系中 M87 进行观测发现,它含有直径 130 光年的气体盘,该盘围绕着 20 亿倍太阳质量的中心旋转。看来这只能是一个黑洞!

脉冲星是 1967 年发现的一种"奇异"的新天体。它以极其精确的时间间隔发出极为规则而又短促的无线电脉冲信号。开始人们以为是天上有文明的生物向地球发来的"电报",后来经过科学研究得知,发射这种信号的是一种星,现在人们称它为脉冲星。到目前为止已发现了 70 个以上的这种星。它们中有些不仅发出射电脉冲,而且发出 X 射线脉冲和光学脉冲。脉冲星的物理特征是质量同太阳相当,但体积却很小,直径仅 20 km 左右。因此,密度极高,每立方厘米约 1 亿吨。其辐射能量极大,约为太阳的 100 万倍。但辐射的能量中,只有很少一部分以光辐射形式射出,所以它的光学亮度很低,但温度很高,表面温度达 1000 万摄氏度,中心温度高达 60 亿摄氏度。它的磁场强度,高达 1000 亿高斯(宁静的太阳表面只有几个高斯的磁场强度）。这种超高温、超高密度的物质,在地球上是不可思议的,在广阔的宇宙空间中却是客观存在的。

一般认为,脉冲星是一种高速自转的中子星,脉冲周期即为自转周期。中子星表面有固定的亮斑,旋转一周,亮斑发出的光束就给地球送来一个脉冲信号,这就是它呈现脉冲现象的原因。

到今天人们认为,中子态是继气态、液态、固态和等离子态之后的物质存在的第五种形态,是一种密度极高的物质形态。脉冲星、中子星的发现进一步证明了宇宙间物质存在形式呈现出多样性,这对人们认识和解决恒星的演化问题,进一步认识和解决基本粒子和化学元素的形成等问题都具有非常重大的意义。

回过头来,让我们谈谈星座和星空分区的问题,这也是了解广袤无垠的宇宙的基本常识。

关于星座和星空的分区,人们一般认为天上的星星数不清,这是不对的,在晴朗无月的晚上,仰望星空,繁星点点,映入眼帘。人们用肉眼观看星空,在南北两半球可以直接看到的基本上都是恒星,总数大约有 6000 颗。人们为了认星,人为地把星空进行了分区。

古代人们就已经将天空的恒星划分成许多群落,并将相邻的亮星联想成各种形象的图案,人们就把这些图形或者图形所在的天空区域称为星座。例如大熊星座,又叫"北斗七星",就是由七颗亮星排列成像勺子形状的图形。大约在公元 2 世纪时,北天星座的雏形已由古希腊天文学家确定下来,而南天星座是在 17、18 世纪环球航行之后才被确定下来的。1928 年,国际天文联合会正式公布,把全天空的星划分成为 88 个星座,同时规定了各星座的分界线,并以 1875 年的春分点和地球赤道为基准赤经、赤纬线。

星座的命名大多来自希腊神话,少数则根据形状而命名。星座中恒星的名称,通常按照它们亮度的顺序,依次配上相应的希腊字母,并冠以星座的名称,如大犬座 α 星、天琴座 α 星、半人马座 α 星等。由于希腊字母只有 24 个,当不够用时,则用各个星座所属星表中恒星的赤经序号命名。如天鹅座 61 星、大熊座 80 星等。对于一些亮星,古人还授予专门的名称,如大犬座 α 星,叫天狼星;天琴座 α 星,叫织女星等。

中国古代对星空的区分,是把星空分成若干个小区域,称为"星官"。在众多的星官中,三垣二十八宿占很重要的地位。它们是中国古代的星空区划体系,和现今通用的星座相似。三垣是紫微垣、太微垣、天市垣。

紫微垣包括北天极附近的天区,有小熊、大熊、仙王、仙后、天龙等星座;

太微垣包括室女、后发、狮子等的一部分;

天市垣包括蛇夫、武仙、巨蛇、天鹰等星座的一部分。

二十八宿是古人为了观测日、月、五星(金、木、水、火、土)的运动而在黄道和白道附近选择的 28 个星官。二十八宿从角开始,自西向东划分至轸宿止。把它们分为四组,每组七宿,分别与四个地平方位、四种动物形象相匹配,称为四象。四象二十八宿与当今国际通用星座对照列表如下:

四象二十八宿与国际星座对照表

东方青龙	星宿	角	亢	氐	房	心	尾	箕
	对应星座	室女	室女	天秤	天蝎	天蝎	天蝎	人马

北方玄武	星宿	斗	牛	女	虚	危	室	壁
	对应星座	人马	摩羯	宝瓶	宝瓶小马	飞马宝瓶	飞马	仙女飞马

西方白虎	星宿	奎	娄	胃	昴	毕	觜	参
	对应星座	仙女双鱼	白羊	白羊	金牛	金牛	猎户	猎户

南方朱雀	星宿	井	鬼	柳	星	张	翼	轸
	对应星座	双子	巨蟹	长蛇	长蛇	长蛇	巨爵	乌鸦

此表系中国古代对星空的划分,它起源于周、秦以前。二十八宿在中国历法上,占有相当重要的地位,是古人观测天象的基础。自古以来,天文学家观测恒星就依靠它,并且还是特殊天象出现时记录方位的根据。

关于银河,人们在夏秋晴朗无月的夜晚,仰望星空,只见从东北方向越过头顶再朝西南方向延伸,有一条乳白色的光带横跨天空,形如浩荡壮美的一条大河,它就是银河。银河也叫星河、银汉等,西方则称它为"牛奶路"。

早在古代周朝的典籍中记载:"斗柄东指,天下皆春;斗柄南指,天下皆夏;斗柄西指,天下皆秋;斗柄北指,天下皆冬。"这说明中华民族的劳动人民很早就懂得从北斗七星斗柄的指向来判别季节的交替。到了战国时代,楚人甘德著《星占》八卷,魏人石申著《天文》八卷,后来人们把这两部著作合编成为《甘石星经》。这本星经是中国星表的起源,也是世界上最早的星表。到了隋朝有一位天文学家把全天亮星按方位编成一首七字歌诀,名为《步天歌》。到了南宋出现了石刻《天文图》,它也是世界上最早的星图。在《晋书·天文志》中对银河的轮廓已有详细的说明。

银河系是一个庞大的天体,大约包含 1000 亿颗恒星以及大量的星际物质。它的直径大约有 10 万光年,其中恒星的分布是不均匀的。中心区域恒星较密集,而距中心越远,恒星越稀疏。银河的形状像一个铁饼,中心厚周围薄,中心区域称为银盘,厚约 1 万光年,边缘厚约 1 千光年,银盘是银河系的主体,直径约 8 万光年,太阳位于距中心 3 万光年处。银盘中心隆起的部分叫作核球,近似球形,直径约 1 万光年,核球中心恒星更加密集的区域叫作银心。在银盘以外,稀疏地分布在一个圆球状的星空范围内,由恒星和星云组成的像"棉絮团"的物质,把银盘和核球包在里面,人们称它为银晕。如图 17-1:

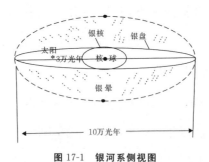

图 17-1　银河系侧视图

人们看到的银河系实际上是这一个庞大的恒星系统在天空上的投影。

俯视银河系的形状,它是一个旋涡结构(如图 17-2)。它是由于恒星围绕中心旋转形成的。银河系物质分布不均匀,在银盘上由核心向外延伸出 4 条旋臂,它们是恒星密集区域,分别为猎户臂、英仙臂、人马臂和三千秒差距臂,太阳系位于猎户臂内侧。

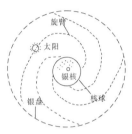

图 17-2　银河系俯视图

侧视银河系的形状,其中心犹如一个大铁饼,又像两顶草帽合在一起,中间厚四周薄。由于观察者不处在银河中心位置,所以各方面的恒星投影在天空上呈现出非均匀的光带。银河系中心在人马座方向,那里的恒星显得十分密集。

银河系中的恒星,在银盘里分布不均匀,而是形成一团一团的星云,而成团的恒星很大,大的团包括几万甚至几十万颗恒星,它们沿着几条长的"臂膊"分布。这些"长臂"从银核向外伸展,螺旋状似地绕在银核周围,就像放松的钟表发条一样。人们把这种"长臂"叫作旋臂,恒星和星际物质沿着旋臂分布,因此称为旋涡星系。

在银河系里各种各样的天体都处于永不停歇的运动之中。大多数恒星的运动速度都在每秒 20 km~30 km,而少数的恒星其速度可达每秒 300 km。太阳这颗恒星带领着它的整个"家族",朝着武仙座方向,以每秒 2×10^4 m/s 的速度奔跑。

恒星除了它们各自的运动以外,还都围绕着银河系的中心运转,其速度一般要比它们各自的运转速度快得多。例如太阳围绕银河系中心运转的速度约是 $2.5×10^5$ m/s,而太阳自身运转的速度也只有 $2×10^4$ m/s。不过,太阳围绕银河系中心转一周,也需要两亿多年的时间。近几年在非洲南部前寒武纪的地层中发现了一种古老的微生物化石,它生存的年代距今约 31 亿年。这说明自地球上出现生命物质开始,太阳带领着它的整个"家族",已经围绕银河系中心转了约 15 圈以上,就整个银河系整体看来,全部天体围绕着银河系中心运转,相当于整个银河系的自转。

现在,人们已经测出,银河系除了自转以外,还朝着麒麟座的方向,以 $2.11×10^5$ m/s 的速度运动着。由此可见,银河系在宇宙空间的运动,很像一个车轮的运动,一方面,银河系自身在旋转,但同时又在不断地前进。因此,银河系的每一个部分在空间中的运动路线,都是十分复杂的。

对银河系的研究,是人类对太阳系更高一级天体系统的宇宙环境的研究。有人认为:地球历史时期的一些自然灾害,与银河系环境有关。至于地外文明问题,人们认为宇宙不会只偏爱地球,生命在银河系中也绝不可能只有地球上才存在。现在红外天文学已经发现某些恒星确实存在行星系统,只要有适宜的条件,生命就可能发展,人类迟早会在银河系中寻找到知音。

（十八）

河外星系与总星系

在宇宙中除了我们的银河系之外，还存在着许许多多与我们银河系相类似的恒星系统。在浩瀚的宇宙中，人们可以看到一些模糊不清的云雾状天体，过去把它统称为星云，通过不断的研究，现今认为这些星云中，有些是由银河系内的气体和尘埃物质组成的，称为河内星云，简称星云。例如猎户座大星云就是河内星云。而另一些则是在银河系之外，类似银河系的庞大的恒星集团。由于这些恒星集团和我们的距离太过遥远，更加看不清楚，表面上看去也是一片云雾状的天体，人们将它称为河外星云或河外星系。例如仙女座大星云。根据现今的估计，在银河系周围5亿光年的范围内，大约有1亿个河外星系；而河外星系的总数约10亿个。其中离银河系最近的小麦哲伦星系距离我们约19万光年，大麦哲伦星系距我们约16万光年，这两个星系只能在地球上南半球高纬度地区可见，它们是航海家麦哲伦作环球航行时，于1520年在南美洲南部发现的。而在地球上北半球可见的最亮的河外星系，是称为仙女座的旋涡状大星云，它像银河系一样呈扁平的铁饼状，如果它斜对着我们，就成了拉长的椭圆形，它也是距离我们最近的河外星系之一，但是，离我们仍有200多万光年！

河外星系按其组成和形状等特点，可分为三大类：①旋涡星系

(包括棒旋星系)、椭圆星系和不规则星系。根据 600 个星系的取样统计分析,旋涡星系约占 80%,椭圆星系约占 17%,不规则星系约占 3%,银河系和仙女座大星系都属于旋涡星系,大、小麦哲伦星系属于不规则星系。而每种星系的外形又是千姿百态的。

(1)特殊的河外天体——类星体

类星体是 20 世纪 60 年代天文学家的重大发现之一。人们通过对宇宙"射电源"(辐射较强烈的无线电波的天体)的观测和研究,发现了第一个类星体。它是一种光学上既像恒星又非恒星的新型天体。有人认为类星体属河外星系,又简称"QSO"(即类似恒星的天体)。随着射电技术的进步,人们发现了越来越多的宇宙射电源。随着大型干涉仪器的投入使用,射电定位的精确度得到了极大提高,使得与射电源相应的光学天体的认证工作取得了很大进展,从而在很多射电源位置上发现了一类新型的光学天体,它们是单个天体,在光学望远镜里看起来呈现为一个光点,有点像恒星,但与恒星又有很大的不同。人们把它们称为"类星射电源"。

除了类星射电源之外,后来又发现了一大批天体,它们的光谱与类星射电源很相像,也是单个天体,但没有像类星射电源那样的射电辐射,却有强烈的紫外线辐射,它们是一类射电宁静的天体,人们把这两类天体统称为"类星体"。从目前的统计结果可知,约有 25% 类星体是从观测射电源中发现的。到目前为止所发现的类星体已有上千颗,仅我国天文学家何香涛一人就独自观测到其中的三分之一以上。

宇宙间有许多射电源,太阳就是很靠近我们的一个。类星体离我们十分遥远,它是一种体积小而辐射能量极大的天体。它具有以下四个特征:

第一是有最大的红移。目前观测到的最大红移量 $Z = 4.73$,这意味相应的类星体以光速的 95% 退行,同时类星体还存在多重红移。

第二是有最远的距离。根据 $D = cZ/H$(D 表示距离,c 表示表光速,Z 表示红移量,H 表示哈勃常数)这一公式推算,估计类星体距我们达 100 亿～200 亿光年。类星体被认为是目前已知的最遥远天体,有人把它看成是一个极为活跃的星系核,并非属于恒星。

第三是有最大的质量。对于类星体的直径估算值,仅小于等于 1 光年,但质量相当于太阳质量的 10^{12} 倍,它比直径为 10 万光年的银河系的总质量还大 10 倍,实在是令人十分惊奇!

第四是有最大的能量。遥远的类星体辐射总光能比整个银河系的总光能还要大百倍以上,用现今一切能源机制,包括核能在内都无法解释。例如 $3C_{272}$ 的星等约为 12.8,而太阳的绝对星等也只有 4.9。如此遥远却又这般明亮,实在令人费解。总之,类星体是谜一般的天体。

对类星体红移特征的发现,是人类对天体演化认识的一大进步,对于类星体的这些特征,天体物理学家也存在不同的看法,有的还有待进一步观测探究。

（2）对总星系的认识

宇宙间各类天体互相吸引，彼此绕质心旋转而构成了天体系统。一般情况下，次一级天体系统又围绕高一级天体系统旋转。例如，地月系统围绕共同质心旋转，并绕太阳旋转，而太阳又携带着太阳系成员绕银河系质心旋转……到目前为止，人类认识到的天体系统层次大致如下：

①　　 ②　　 ③　　 ④　　 ⑤　　 ⑥　　 ⑦
地月系 → 太阳系 → 银河系 → 星系群 → 星系团 → 超星系团 → 总星系

①地月系：由地球和月球组成，月地平均距离 38.44 万千米。②太阳系：由中心天体及其周围小天体组成，太阳到冥王星平均距离约 40 AU（AU 表示天文单位，1 AU＝$1.496×10^8$ km。而日地平均距离即可表示为 1 AU，据此可推知太阳系的引力范围可达 $1.5×10^5$ AU）。③银河系：由大约 1000 亿颗恒星组成（含太阳系）的恒星集团、10 万光年为直径的天体系统。④星系群：以银河系为中心，半径约 300 万光年的空间，包含约 40 个星系组成的星系群体，称为本星系群。除银河系之外，仙女座大星系、三角星系、大小麦哲伦星系等属于本星系群的成员。⑤星系团：比星系群更大的成团的星系结构称为星系团。一个星系团可由几十个甚至成百上千个星系群组成，截止目前已发现了约 1 万个星系团。离我们最近的最著名的星系团是室女座星系团，距离我们约 6000 万光年，直径约 850 万光年，包括本星系群在内的 2500 个星系。⑥超星系团：就是比星系群和星系团更高一级的星系结构，其直径可达 2 亿～3 亿光年。其

中包括本星系群在内的超星系团,又称本超星系团,它的中心是室女座星系团,而银河系所在的本星系群只处于边缘。

当前所观测到的最远距离的星体(类星体)距我们360亿光年。在这个以360亿光年为半径的宇宙空间范围内,所有星系的总称为总星系。从当前的观测估计,总星系的星系数目可达10亿个以上。总星系是当今人类观测能力所及的宇宙范围,也是目前人类认识到宇宙间最高层次的天体系统,是现代宇宙学研究的重要对象。人类通过星系计数的微波背景辐射测量证明,总星系的物质和运动分布,在统计上是均匀的,各向同性的。现在已观测到的宇宙空间,暂时定名为总星系。但随着观测手段的进步和人类对自然认识能力和水平的不断提高,总星系的范围将会不断扩大。

宇宙空间中的一些特殊的奇异天体,除了类星体、中子星、脉冲星之外还存在着一些星际分子。过去人们认为恒星与恒星之间这个广袤的星际空间,是一无所有的"真空"。由于超低温、超高真空,特别是超强度辐射的离解作用,原子很难结合成分子,即使结合成分子也会被离解,寿命很短。因此,星际分子即使有也只是极简单的分子。在20世纪30年代末,虽然有科学家在星际空间发现过甲炔、甲炔离子、氰基三种自由基,但那时根本没有引起人们的重视,到了20世纪60年代,人们先后发现了几十种星际分子的射电谱线。到目前为止已发现的星际分子,种类繁多,有无色、无味、无臭的水分子;也有带臭味的氨分子;有无机分子,也有有机分子。据统计分析,已经发现的星际分子由碳、氢、氧、硅、氮、硫六种元素组成。其中有机分子差不多占 80%。特别是一系列结构复杂的共轭多键有机分子和多糖分子的发现,引起了人们的重视,有人称这些分子是生命前分子。这些观测所得的结果,可能丰富和发展人类对宇宙、天体演化、银河系的结构、地球的起源和演化以及生命的起源等诸多方面的认识。

(3)有关 3 K 微波辐射

过去人们一般都认为,广阔无垠的星际空间是一无所有的,也是无限空虚无物的,不可能存在着能量辐射,而且星际空间中,温度也只可能是绝对零度(即 -273 ℃)。1965 年美国的物理学家彭齐亚斯和威尔逊利用微波探测器首先发现了微波辐射,为此他们获得了诺贝尔奖。此后人们不断在微波波段探测到了具有热辐射性质的宇宙背景辐射,此辐射相应的温度大约是 3 K。这也是就说,天体和天体系统所在的周围环境也有能量辐射。

（十九）

宇宙究竟是什么？

人类已经进入 21 世纪,对宇宙究竟认识到什么程度？从宏观来看,浩瀚星云,无边无际,从地月系、太阳系、银河系乃至总星系；从微观来看首先认识分子、原子、原子核、质子、中子、中微子,发展到对基本粒子的深入研究；进而认识到轻子、强子、胶子乃至夸克。

古人认识的宇宙,仅仅限于人们视力所及的极小的宇宙空间,也就是从地球到太阳的这个范围之内(即光速只用 8 min 多的视力所及的区域内),可是到今天人们已能从地月系、太阳系、银河系……直至总星系的这个以 360 亿光年为半径的空间范围内进行观测分析,对宇宙认识的范围比古人扩大了几万亿倍。

公元 2 世纪的"地心说",统治西方长达 1000 多年。到公元 16世纪,由波兰天文学家哥白尼进行了一场"翻天覆地"的革命,推翻了"地心说"而建立了"日心说"。但是这两种学说都没有摆脱宇宙有限的模型,而且还错误地认为天体是做匀速圆周运动的。到了17 世纪,开普勒发现并总结了行星运动三大定律,即行星围绕太阳运行的三大定律。开普勒把哥白尼的"日心说"向前推进了一大步,然而此三大定律只解释了行星是怎样运动的,而没有说明行星为什么会这样运动。这个问题在 17 世纪末被牛顿解决了。

牛顿证明了支配行星运动的力量是引力(即重力),用牛顿的这个定律可以推出一切天体的运动定律。事实证明,用数学方法推导出来的天体的运动,和它们的真实运动十分吻合。因此,天文学有可能准确地预报许多天文现象。1687 年牛顿出版了《自然哲学的数学原理》一书,这是物理科学中有史以来最重要的著作。其中,牛顿不但提出了物体如何在空间和时间中运动的理论,并且还发展了分析这些运动理论所需的复杂的数学知识(微积分就是由牛顿首先提出的);此外牛顿还提出了运动三大定律和万有引力定律。根据这条定律,宇宙中的任何一种物体都被另外的物体所吸引。物体质量越大,相应的引力就越大;相互距离越近,相互之间的吸引力就越大。也正是这同一种引力,使物体下落到地面上。根据牛顿的定律万有引力使月球沿着椭圆轨道围绕地球运行,而地球和其他行星沿着椭圆轨道围绕着太阳公转。直到 20 世纪初,爱因斯坦发表了他的相对论学说,世界上才诞生了第一个现代宇宙模型(即爱因斯坦的"静态闭合宇宙模型")。继爱因斯坦之后,相继诞生了许多种现代宇宙模型,如苏联学者弗里德曼的"动态宇宙模型"、比利时勒梅特的"动态宇宙模型"以及 1948 年美国伽莫夫的"大爆炸宇宙模型"等。其中伽莫夫的"大爆炸宇宙模型"被认为是能被大多数人接受的、最有代表性的宇宙模型。

人类对宇宙的认识是一个逐步深化的过程,我们的宇宙是一个所能观测到的宇宙,但它仍然只能算得上是整个宇宙的有限部分——总星系,我们也可将总星系称为"科学的宇宙",也就是所谓的有限的宇宙。这个有限的宇宙,人们可以将它理解为一个以地球为中心、有限半径(尽管这个半径在不断地扩大)范围的宇宙。当然有限是相对于无限而言的;有限的科学宇宙是相对于无限的哲学宇宙而言的。

当人们谈论有限宇宙的时候,往往容易产生诸多疑难问题:

①如果宇宙是有限的,那么宇宙的中心在哪里?

②如果宇宙是有限的,那么宇宙之外又是何处?

③如果宇宙是有限的,那么它起源于何时? 又将终止于何时?

……

如此种种问题说明,人们不可能寻找到宇宙的中心,但总是想到"天外有天",谁也无法回答出时间的开端和终结。因此,"时空无限"即宇宙无限的思想也自然而然地诞生了。

宇宙在空间上是无限的,在时间上是无始无终的这种思想,在古代的中国有很多论述。相传商鞅的老师叫尸子,即战国时代的尸佼,在《尸子》一书中曾说:"四方上下曰宇,古往今来曰宙。"这就是说,宇即空间,宙即时间;宇宙则是既包含着时间又包含着空间。这是朴素唯物主义的杰出见解。战国时期楚国大诗人屈原的《天问》,对于奴隶主关于宇宙、自然和历史的传统观念提出了怀疑和质问,虽然《天问》中仅仅是提出了问题,却促进了人们去研究问题。东汉时期,杰出的天文学家张衡就曾发表了宇宙是无限的看法("宇之表无极,宙之端无穷")。唐代的柳宗元对屈原在《天问》中提出的问题做出了回答,这就是《天对》。柳宗元在《天对》中,明确提出了"元气"是天地的本源,把宇宙看成是物质的。他又认为宇宙是无边无际的,宇宙既没有边界,也没有中心("无中无旁,乌际乎天则")。汉代的思想家王充也认为,天是物质,是无限的,不生不灭的;天体的运动是它们本身固有的属性。这充分表现出了唯物观点。

宇宙就是无穷无尽的运动着的物质,存在于无边无际的空间和无始无终的时间之中。宇宙是无限的、永恒的、不断运动变化着的客观物质世界。

宇宙是物质的,构成宇宙的各种各样的天体,就是物质存在的不同形态。宇宙是相互联系、相互转化的无限多样的物质形态的统一体。宇宙间的物质永恒存在,既不能被创造,也不能被消灭,只能从一种状态转化成另一种状态,宇宙中的一切都处于永不休止的运动和变化发展之中,它们只有相对静止。

宇宙在空间上和时间上都是无限的。恩格斯指出:"时间上的永恒性、空间上的无限性,本来就是,而且按照简单的字义也是:没有一个方向是有终点的,不论是向前或向后,向上或向下,向左或向右。"因此,宇宙是没有中心的,由于宇宙间每一个具体的天体在空间和时间上都是有限的,所以无限的宇宙空间和时间正是由无数的有限的空间和时间所构成的,这就是无限和有限的辩证统一。

(二十)

天体的起源和演化

天体的起源和演化有它固有的客观规律,绝不是什么根本不存在的超自然的"神力"所创造出来的。古希腊哲学家赫拉克利特提出:"世界是包括一切的整体,它不是由任何神或被任何人创造的,它的过去、现在和将来都是按规律燃烧着的,按规律熄灭着的永恒的活火。"

宇宙万物都有一个发生、发展、消亡和转化的过程,恒星也不例外。恒星从星云中诞生直至消亡,短则万年,长则几百亿年,由此可见天体的演化是一个极其漫长而十分复杂的过程。在人的短暂一生之中,无法看到一颗恒星的全部生命演化过程。然而人们可以根据恒星不同的光谱型,确定其发展演化的过程,将它们的幼年期、壮年期、中年期和老年期加以序列化,从而就不难搞清楚恒星的起源、发展规律及其整个演化的历史。

根据观测资料和理论分析,一般认为,恒星是由弥漫星云收缩而形成的。温度低于 $100\ \mathrm{K}$,质量为太阳质量的 $10^5 \sim 10^6$ 倍的星云容易凝集成恒星。对于恒星的演化过程,大致可以划分为以下四个阶段。

①恒星的幼年期(即引力收缩阶段)

宇宙空间中散布着密度极为稀薄的星际物质,密度约为

$10^{-24} \, g/cm^3$。星际物质在密度较大之处可以成为引力中心，形成星际云。星际云在自身引力作用下进一步收缩，由于引力动能部分转化为热能，使内部温度升高，演化成恒星胚胎，最后逐渐形成向外辐射红外线的红外星。开始在快引力收缩阶段，可观测到球状体、红外源天体等原恒星；后来在慢引力收缩阶段，可观测到金牛座 T 型变星等原恒星。

引力收缩在恒星处于幼年期阶段起着决定作用，质量大的恒星演化快，质量小的恒星则演化较慢。15 倍于太阳质量的恒星幼年期经历约 6 万年；1 倍于太阳质量的恒星幼年期经历约 7500 万年；而五分之一于太阳质量的恒星幼年期经历达 17 亿年。恒星在幼年期的演化过程中，引力动能是其主要热源。

②恒星的壮年期（即主序星阶段）

幼年期红外星由于引力的收缩，使它的内部温度不断升高，当它的中心温度达到 $8 \times 10^5 \, K$ 以上时，恒星内部开始产生热核反应，当中心温度再进一步升高到 $7 \times 10^6 \, K$、1500 亿个大气压时，热核反应所产生的热能和向外辐射消耗的热量，达到相对平衡状态，星体不再收缩，引力与斥力处于平衡，此阶段的恒星，在赫罗图（见附录）上的分布，是从左上角至右下角的主序星带内，原恒星进入了壮年期。对于那些质量大于太阳质量的 2 倍的主序星，核心氢氦聚变主要通过碳氮循环进行；质量小于太阳质量的 2 倍的主序星其核心氢氦以质子-质子反应为主。

恒星中氢的含量是最为丰富的。例如太阳能主要是由碳、氮循环(质子-质子反应)产生。而恒星的生命来自氢氦的缓慢的核嬗变过程。当恒星还年轻,刚刚从星际弥漫物质形成时,氢元素的比例超过了整个质量的 50%。通过氢氦的嬗变过程可以在很长的时间内提供能量,而且恒星在此阶段停留的时间最长,约占恒星寿命的 80%,并且这个阶段中恒星的数量也最多。其中,大质量高光度的 O 型星和 B 型星,对氢的消耗较快,在主序星阶段停留几百万至几千万年,我们的太阳在主序星阶段停留时间约为 100 亿年。而质量小、光度低的 M,K 型星在主序星阶段则停留时间更长,可以达到几千亿年甚至上万亿年。

③恒星的中年期(即红巨星阶段)

在这期间的恒星越往中心温度和密度越大,所以中心部分氢氦聚变反应进行得最快。当恒星的中心区域氢消耗到一定程度时,则热核反应逐渐减弱,其所产生的能量供应将不足。并且当恒星内部斥力和引力相对平衡及其稳定状态遭到破坏后,恒星内部又开始收缩。由于收缩释放出来的能量,使恒星外壳急剧膨胀,变成了体积大、密度小、表面温度低、光度仍然很强的红巨星。

当恒星内部继续收缩、温度不断升高,并且其温度超过 1 亿摄氏度时,就会产生新的热核反应,由 3 个氦聚变为 1 个碳核,再产生巨大能量。恒星内部压力增高,斥力与引力再度相对平衡,于是恒星就稳定下来,度过它的中年期。我们赖以生存的太阳将来也会变成红巨星,到那时太阳的光度将增加 1000 倍,半径可达现在线半径的 100 倍,太阳将来在此阶段的经历估计 10 亿年左右。

④恒星的晚年期(即白矮星、中子星、黑洞阶段)

恒星进入红巨星阶段后,其内部仍不断地进行着剧烈的氦-碳反应,温度越来越高。当其内部温度达到 60 亿摄氏度时,会产生极强的辐射,向外放射出巨大的能量,质量大的恒星,大多数的外壳会发生爆炸,使其本身光度突然增高几万倍甚至几亿倍,形成明亮的新星或超新星。新星和超新星外层物质大量抛向宇宙空间,成为孕育新恒星的星际物质。恒星晚年期内部形成的重元素,通过爆发抛弃在宇宙空间,与其他星云混合又成为产生新一代恒星的原料。因此,第三代恒星中所含的重元素比例要高于第一代恒星。

如果恒星核能耗尽后,质量小于太阳质量的 1.5 倍,就有可能演化成为白矮星。由于恒星晚年期内部不产生能量,所以它抵挡不住引力的吸引而迅速收缩,这时恒星的光度低,表面温度高,呈蓝白色,故称为白矮星,它是一种稳定的冷的恒星。

中子星就是当恒星核能耗尽后,质量在 1.5~2.0 倍于太阳质量的恒星,由于简并电子压力仍不能和引力平衡,恒星将继续坍缩。当密度很大时,就会形成大量的中子,要使质子和电子合成中子,电子的能量需要大于 80 万电子伏特。然而,当密度超过 $1 \times 10^8 \, \mathrm{g/cm^3}$ 时,相当大的一部分电子的能量,就会超过 80 万电子伏特。这样,只要密度足够大,质子和电子就会合成中子,在恒星内部形成一个中子核心。如果外层的普通物质落入,就会和中子结合而形成较重的原子核,同时释放出巨大的能量,产生新星或超新星爆发现象。如果整颗恒星从内部到外部密度都很大,就有可能全部或几乎全部由中子组成而成为中子星。中子星的质量大得惊人，它是每立方厘米有上亿吨重的超高密度的恒星。中子星的发现进一步证明了宇宙间物质存在的多样性。

从理论上分析，当恒星的核能耗尽后，其质量大于 1.6 倍于太阳质量的恒星就是黑洞。由于它的引力作用大，恒星晚年期爆炸后，内部物质更加急剧地坍缩，从而形成密度最大的坍缩星。由于其质量大，半径小，因而密度极高，在此星体周围存在着极其强大的引力场。这就是前面我们已经介绍过的黑洞。

由于人们发现的中子星半径很小，仅仅只有 10 km 左右，而质量很大，它只是恒星变成黑洞的临界半径的几倍。如果一颗恒星能坍缩到如此小的尺度，那么可以预料其他恒星也能坍缩到更小的尺度而变成黑洞。根据天体的演化来看，这也就是应该会出现的情况了。

关于太阳系的起源问题，至今人们还未研究出比较确定性的意见，可见要研究庞大的天体演化，是一件十分艰巨和困难的工作。当今世界，人类发射了许多个关于太阳系的探测器，开始对太阳系进行新的探索，发现的新问题比已经解决了的问题还要多。行星探测器从太空带回了大量的、丰富的信息，为人类研究太阳系的起源提供了许多新观点和新依据。

在太阳系起源问题中，有关行星物质的来源和行星的形成方式，被人们认为是两个最基本的问题。1972 年，在法国举行的国际太阳系起源学术讨论会上，总结了自康德-拉普拉斯星云说以来的

200 多年中人们提出的 40 多种学说。其中新星云说被专家们认为是一个较好的学说。因为此学说除了能够较好地解释行星、卫星的形成以外，还能够比较满意地解释行星运动的同向性、共面性和近圆性。当然，作为一种学术研究的假说，新星云说还有待进一步地去细化、完善。理论必须要与实际观测相符合，才能令人信服。因此，对于太阳系的起源问题的研究和发展，至今仍然是天文学家力图解决的难题。

第三部分

人类科学发展史综览

人类科学发展史综览

现代自然科学突飞猛进,人类正在向大自然的深度及广度进军,人类从宏观世界的研究成果中又发现了微观世界的许多奥秘,自从发现许多种微观粒子之后,继而在探索物质的基本结构的实践中,发现了至今为止最小的基本粒子夸克(也称层子)和胶子,进一步揭示了微观世界的规律。人们借助宇宙飞船,迈向了广阔无垠的宏观世界,成功地登上了月球,正向其他行星迈进。

几个世纪以来,关于太阳系的起源、结构和演化,一直是天文学和地理科学研究的重要领域之一。从西方占统治地位长达 1000 多年之久的托勒密的"地心说"开始,到哥白尼的"日心说",再到开普勒行星运动三大定律、牛顿万有引力定律和爱因斯坦狭义和广义相对论的发表,特别是从 20 世纪 60 年代以来,人类开始进入太空时代,空间探测技术的发展,获得了许多重大的成果,使得人类对太阳系的认识向前迈进了一大步,例如"水手号"对水星的探测、"旅行者 1 号"和"旅行者 2 号"对木星、土星、天王星、海王星和它们的卫星的探索,获得了大量丰富的资料,另外还有麦哲伦、伽利略探测器和爱德温·哈勃利用空间望远镜对太空的探测也不断向人们传递新的宇宙信息。1990 年 2 月 13 日,"旅行者 1 号"已经拍摄到迄今为止的第一张太阳系的"全家照",一个令人激动的、崭新的、五彩缤纷的太阳系全貌,呈现在人类的面前。现在"旅行者 1 号"和"旅行者 2 号"已飞离太阳系,去寻觅地外文明,成为银河系中的"外星人"了。

人类在地球上从诞生到现在，大概已有 100 万年。但是从古人发展成为新人是经过了较长的时期。据考证新人生活在距今 10 万年到 1 万年前。新人是现代人类的直接祖先，有了人就开始有了历史。今天人类可查证的历史仅有 5000 多年，但也有人认为在 5000 年以前，地球上曾经出现过一个时期的科技文明。例如在公元前 3000 年，古代中国已经出现了《太极八卦图》。中国古代把宇宙发展表述为：

无极生太极，太极生阴阳，阴阳生五行，五行生万物……生生不息变化无穷。

而"太极"阴阳理论的光辉之处还在于它的阴阳合抱曲线蕴含着月球运动的规律。而中国古人认为宇宙就是太极（有人认为旋转起来的"河图洛书"就是太极），而两仪就是阴和阳，四象代表春夏秋冬四个季节和东西南北四个方向，八卦则是对时间、空间、万事万物的分类。而构成八卦有两个基本符号"——"和"－－"。据说这是伏羲氏发明的，分别叫作阳爻（——）和阴爻（－－），堪称一项人类的伟大发明。因为看起来是两个极为简单、抽象的符号，但它可以表示宇宙间万物的两种基本分类。尤其难能可贵的是，仅仅由这两个基本符号的排列组合，就演变出了整整一系列的符号体系。这是发生在 5000 年前的事情，足以令现代人感叹古人智慧的伟大。

八卦：即乾、坤、震、艮、离、坎、兑、巽。古人编了一首八卦取象歌如下：

乾三连	坤六断	震仰盂	艮覆碗

离中虚	坎中满	兑上缺	巽下断

八卦也是大自然的象征：乾象征天，坤象征地，震象征雷，艮象征山，离象征火，坎象征水，兑象征泽，巽象征风。

八卦的原始含义代表八个方位，八个节气。

伏羲八卦还代表天地、水火、风雪以及山泽共四对八种自然事件。

文王八卦进一步把人事联系进去，加大了八卦所代表的事物，并将人和自然界联系起来进行研究评说。

八卦这样一个简单的数字符号，在中国乃至世界产生了十分深远的影响。涉及范围广大，可以说，由八卦形成的"周易"是一门博大精深且与数有关的学问，引起了国内外众多爱好者的极大兴趣。《易经》被称为是一本世界"奇书"，此书不但对我国传统文化的发展产生过广泛而深远的影响，而且完全超越了时空的束缚，以无穷的奥秘和精湛的思想日益给予现代人的文化和人类生活以深刻的启发，成为点燃许多新思想、新思维、新发现、新创造的智慧之光。《易经》的中心思想可以概括为：阳刚阴柔，阳动阴静，变化无穷。阳刚阴柔，相反相成，并非不变，而是动极则静，静极则动，动中有静,静中有动。宇宙万物因时因地的阴阳、柔刚、静动,变易而不易,复杂而简单,矛盾又统一,对立又和谐。这也可以说是阴阳学说的真谛。

据考证,古代埃及人和古代南美洲的玛雅族人已有了用高超技术建造金字塔的本领,而且玛雅人还拥有较为精确的历法。由此可见人类的史前文明是相当发达的,它使我们对人类的起源,天体的演变等重大科学难题获得了新的认识。

《易经》是中国最古老的数学著名大作,也是现代二进制计数法的先祖,在其中还能找到幻方最早的例子。著名数学家吴文俊教授认为中国的《九章算术》和刘徽的《九章算术注》对数学乃至科学发展在历史上有崇高地位,可与古希腊欧几里得的《几何原本》东西辉映。

除了圣经之外,在世界上没有任何一部著作能像欧几里得的《几何原本》那样,被人们广泛地研究和使用,没有任何的著作对科学思想产生如此巨大的影响。《几何原本》自从 1482 年的第一版本问世到今天,已经出现了 1000 多个版本;2000 多年来,这部著作对人类的文明和科技的进步起到了很大的作用。

从四大文明古国到古希腊近 3000 年的历史,人类所创造的文化、艺术、哲学、数学、物理学、天文学、化学、生物学、农业学、医药学、冶金学、建筑学等方面的成就,可以称为人类第一代科学文明。

公元 5 世纪中叶西罗马帝国灭亡到公元 11 世纪这个时期称为欧洲的黑暗时代,这个时期西欧文化处于低潮,学校教育名存实亡,希腊学问几乎绝迹。这个时期的特点是存在残酷的暴力和强烈的宗教信仰。旧的社会程序已遭破坏,封建主义和基督教会统治了社会。

在这以后长达千年的时间里,宗教、迷信、灵魂和上帝转移了人类对自然的兴趣,而科学研究则一直处于一种被压制和被歪曲的状态之中。到了 16 世纪的欧洲,意大利发生了文艺复兴运动,不幸的是,文艺复兴时期的学者们难以让他们的科学思想与天主教会的宗教教义相协调,这个时期的大量的科学著作与教会尖锐对立。文艺复兴时期的许多学者,怕犯异端邪说罪,推迟发表他们的理论,尤其是天文学方面的著作,因为这门科学与教会特别对立。

天文学家与数学家几乎互相促进其专业的发展,特别是长期以来天文学一直在促进数学的发展。事实上,有一个时期,"数学家"的称号指的就是天文学家。在鼓励支持发展数学的天文学家中,最著名的就是波兰学者哥白尼,他的宇宙理论完成于 1530 年,但是直到 1543 年去世后才发表。又如高斯既是数学教授又是天文台台长,他用数学方法计算出了小行星谷神星和智神星的运行轨道。

可以说哥白尼《天体运行论》的发表和伽利略实验科学的引导,开启了人类科学的新纪元。

伽利略坚持用观察和实验的方法研究自然现象,重新审查了以往的自然知识,也在力学上做出了重大贡献。

伽利略建立了自由落体定律。他通过金属球从斜面滚下的运动实验,发现了惯性原理。在天体力学方面,伽利略第一次用自制的望远镜观察天文现象,观测天体的运动变化,发现太阳表面有黑子,月球表面有高低不平的山谷,金星、水星有盈亏现象,木星有四个卫星等,这些发现有力地支持了哥白尼的宇宙理论。

开普勒通过对行星特别是对火星运动的精确观测,对布拉赫观测资料的整理和分析,意识到行星运动的轨迹不一定是正圆,最终抛弃了过去的行星运动的旧观念。通过将近十年的努力,提出了行星按椭圆轨道绕日运行的理论,并总结出行星运动三大定律。

英国科学家牛顿在前人科学研究和实践的基础上,经过长期的观测、实验以及数学计算,对17世纪前的力学知识和实践中所发现的规律进行了理论概括。牛顿在1687年出版了他的《自然哲学的数学原理》,系统地阐述了力学三大定律和万有引力定律,把天体力学和地球上物体的力学统一起来,建立了系统的经典力学理论。经典力学正确地反映了低速宏观物体运动的客观规律,使人类对物质运动的认识向前迈进了一大步。

目前,经典力学仍然有着广泛的应用,同时经典力学也是相对正确的科学。牛顿以后,几百年来,经典的时空观在物理学中占统治地位。科学发展到今天出现了许多新事物,而经典力学只能解释部分"怎么样"的问题,但对于许多"为什么"的问题,经典力学却没有能力回答。

经典物理学的空间和时间观念的特点是:空间和时间的度量是绝对不变的,并且空间和时间是相互独立的,毫不相关的。因此，我们把这样的空间叫作绝对空间，这样的时间叫作绝对时间。而伽利略的经典力学相对性原理也是人们几百年来深信不疑的。古典的这种时空观也被哲学家当作是先验的东西，没有一个科学家认为它们可能是错误的。

人们之所以放弃古典的时空观，是因为爱因斯坦提出狭义相对论，并把时间和空间结合成单一的四维体系，是因为在大量的科学实验中不断地发生了许多不能用独立的时间和空间这种古典的时空概念来解释的事实。

经典相对性原理对光的传播成立吗？麦克斯韦的光的电磁理论告诉我们，光在真空中沿各个方向传播的速度都相等，都是每秒30万千米。事实上，光对于地球参考系来说，沿各个方向的速度都是每秒30万千米，不论光源以什么样的速度运动。我们从这个事实出发，可以看出，经典力学的相对性原理对于光是不适用的。通过实验可知，光的传播定律在地面上成立，在高速运动的列车上不成立，所以看起来经典相对性原理只适用于力学规律，而不适用于光学规律。而著名的迈克尔逊-莫雷实验的实质是：从理论出发（即利用伽利略经典速度变换公式）推出的结果和实验得到的结果不相符合。

经过不同观点的争论，结论是：凡是企图不打破经典的时空观念，这样或者那样地解释迈克尔逊-莫雷实验产生的现象，都矛盾百出。经典物理学的时空观面临着一个严重的困难。爱因斯坦则认为经典理论不能解释迈克尔逊-莫雷实验这样新的实验事实，正是因为旧的理论的缺陷,所以首先应尊重实验事实,反过来修正和充实旧理论,使理论进一步发展,能更好地指导实践。爱因斯坦对经典物理学的基本观点做了科学的修正以后,发现了物体高速运动的规律,从而创立了相对论,引起了物理学中空间和时间观念的大改观。

在自然界中,由于电子以及其他基本粒子的运动往往与光速十分接近,它们形成了一个高速世界,而人类的现实生活也开始向高速世界迈进。因此,研究高速物体运动的规律与我们现实生活的关系也是愈来愈密切相关联了。

近代的电磁学理论已经把物质迷宫的大门打开了,闯进了神秘莫测的微观世界。麦克斯韦和法拉第等人发展和推广了以太理论,他们认定物质以太是传播光和引力作用的必然媒介。自古以来,如毕达哥拉斯就提出了以太传播光线的理论。

麦克斯韦理论预言,射电波和光波应以某一固定的速度行进。但是牛顿理论已经摆脱了绝对静止的观念,如果我们假设光是以固定的速度行进,人们就必须说清楚这固定的速度是相对于什么东西来测量的。因此,有人提出,存在着一种充满宇宙的物质"以太",即使是在"真空的"空间中亦是如此。正如声波在空气中行进一样,光波亦应通过以太行进,因此它们的速度应该是相对以太来说的。相对于以太运动的不同观察者,会看到光以不同的速度冲着他们而来,但是光对以太的速度保持不变。特别是当地球在它围绕太阳的轨道穿过以太时,在地球通过以太运动的方向测量的光速应该大于在与运动垂直方向测量的光速。1887 年迈克尔逊-莫雷实验是在不同季节、不同时间的反复多次实验,他们将沿地球运动方向和垂直于此方向的光速反复进行比较,结果大大出乎人们的意料。他们发现这两个光速完全一样!科学界对此争论了 20 多年,各持己见,后来爱因斯坦于 1905 年发表了一篇论文指出,只要人们愿意抛弃绝对时间观念的话,整个以太的观念是多余的,从而创立了狭义相对论。

后来迈克尔逊因为这个著名的实验成为美国第一位诺贝尔物理学奖获得者。

虽然麦克斯韦和法拉第等人认为物质以太是传播光和引力作用的必然媒介,但由于人们思维的机械模式和现实世界实验技术的诸多制约,使得人们对微观世界还很不够了解,例如对引力、重力的本质、对物质的基本结构和媒介以太的性质等,目前尚无能力给予正确的解答。因此,经典物理学在解释和具体处理许多微观问题时碰到了难以解决的困难。

虽然麦克斯韦和法拉第等人认为:电磁场是在媒介以太中建立和传递的,并且他们成功地解释了"光"的电磁波的本质问题。光并不是别的什么东西,光只是电磁波的一种。然而当时间进入 20 世纪,伴随着许多新的现象,如光电现象等的研究,人们用电磁理论来解释光时,又碰到了新的困难,经过研究发现,光这个东西并不简单,光是一种性质相当复杂的物质,光的理论在今天仍然在不断地向前发展。

2015 年,英国格拉斯哥大学和赫瑞瓦特大学的研究人员进行了一项实验,在实验中科学家安装了一个特殊隔层,单个光子在通过这一装置时,形态会发生改变,且速度出现了下降。

奇妙的是,光子在通过这一特殊隔层之后,即便重新回到自由空间,光子仍会以较低的速度前行。这一实验说明,光的构造可能比人类知道的更为复杂。研究人员称,降低光速的方法可以被用于更多的物理学实验中,人类或许能解开更多的宇宙之谜。

根据爱因斯坦的相对论,光在自由空间中的速度约为每秒 30 万千米。在经过水、玻璃等介质时,光速会出现下降的情况,但是只要再次返回自由空间时,光速就会回归正常。

目前人们向微观世界的进军仍然困难重重。究其原因,一方面是受到爱因斯坦狭义相对论的影响。爱因斯坦否定物质以太的存在,而创立了狭义相对论,虽然争议很多,但至今已一百年多了,仍然还起着十分重要的作用,有很多的理论问题也并不违反狭义相对论,至少可以说,狭义相对论是一个部分正确的理论。另一方面,对电磁现象的深层次的分析和探讨,科学界也存在着许多分歧,这有待人们对实验仪器的不断创新和研究。描述电磁现象的基本规律是量子电动力学,它是目前人类能够描述自然现象最精确的规律,对精细结构常数的计算结果与实验结果可以吻合到小数点后第 8 位。当然事物的发展是无止境的,必然会有新的发现。

爱因斯坦的狭义相对论反映了物体高速运动下的规律,即在接近光速情况下空间、时间、质量与运动的关系。其基本原理有两条：一是相对性原理；二是光速不变原理。这一部分内容之所以称为狭义相对论，是因为它只涉及惯性系中的物理规律，即这些参考系是相互做匀速直线运动的。

从以上两条基本原理出发，经过严格的科学推论，就得出了许多与经典物理学完全不同的重要结论。而经典力学可以认为是相对论力学在低速状态下的近似。

在狭义相对论中，不但力学定律在所有惯性系中一样，而且电磁学的、光学的、原子物理学的一切定律也在所有的惯性系中一样，这样一来，就要求光的速度在所有惯性系中一样。于是引起了空间长度和时间长短都随参考系的运动而改变，空间和时间变成相对的了。

爱因斯坦的狭义相对论进一步揭示出空间和时间与运动着的物质之间联系的具体形式，并且爱因斯坦用数学语言，用定律表示出了这种联系，为空间和时间的不依赖于人的意志的客观存在性提供了有力的自然科学证明。爱因斯坦的相对论有力地改变了经典物理学的空间和时间观念，这种改变是具有革命性的，因此列宁称爱因斯坦为"伟大的自然科学改造者"。

爱因斯坦的广义相对论基本原理也有两条：一是广义相对论原理（也称等效原理），即某一加速运动的参考系中的惯性力与在一个小体积范围内的万有引力是等效的；二是广义协变原理，即物理规律在一切参考系中都成立。

爱因斯坦于1916年发表广义相对论，他把引力的观念建立在黎曼几何的基础上，从而得出引力场是某一种黎曼度量。从 1905年到 1916 年，经过 10 年之久，爱因斯坦才发表广义相对论，这是为什么？据说爱因斯坦认为时空的坐标没有几何的意义不能习惯，所以一直到后来觉得非要用流形的观念不可。结果流形的观念（黎曼张量等）成为了广义相对论的基础工具。

爱因斯坦的广义相对论可以推导出一些重要的结论（也被称为相对论的预言）。例如：

①水星轨道近日点的运动规律。

②光线在重力场中传播时会发生弯曲。

③强力场中发射出的光谱线向红端移动（即所谓的"红移"现象）。

另外还有一些预言：

①光在引力场中传播时，光的频率、波长会发生变化。据此效应不难推知，在引力场强度大处，所有的（原子）钟都会变慢。

②从地球发射电磁波脉冲到其他行星，经反射可返回地球，电磁波在往返中，如果经过太阳附近，就受太阳较强的引力场作用，回波将会略有延迟。

③根据广义相对论，在黑洞中必然存在密度和时空曲率无限大的奇点。

④一个被加速运动的质量应当发射引力波。

20 世纪科学发展中的另一门学科量子力学和相对论一起主导了20 世纪自然科学的研究方向，这也被称为自然科学理论的一次革命。

量子理论是描述微观世界物质运动规律的基本理论,一般可将它分为:旧量子论和现代量子理论(即量子力学)两个发展阶段。

1901 年普朗克在热辐射研究中提出量子论。

普朗克-爱因斯坦量子论是根据黑体辐射、光电效应实验提出的,它成功地解释了黑体辐射(黑体是指能吸收一切外来辐射的物体)和光电效应现象。

1911 年,卢瑟福证实原子的模型结构。

1913 年,玻尔发表了他的原子结构理论,成功地解释了氢光谱。

1924 年,德布罗意融合光子理论和玻尔理论的正确方向,把联系光的两象性的关系式应用到实物粒子上,提出了物质波假设。

1926 年,海森伯、薛定谔分别建立了量子力学的基础理论,其中薛定谔所建立的薛定谔方程,在量子力学中的地位大约相似于牛顿运动定律在经典力学中的地位。量子力学有两种形式:一种形式是由薛定谔在德布罗意提出的物质波理论的基础上建立的,叫作波动力学;另一种形式是由海森伯、玻尔等人建立的矩阵力学。通过进一步的研究表明,波动力学和矩阵力学两者是等价的,后来统称为量子力学。

1928 年,狄拉克完成了相对论性的量子力学。

人们要揭示许多宏观现象和规律的本质,非从微观现象入手不可。20 世纪 30 年代以后,实验科学的进一步研究发现,不仅电子,中子、质子、中性原子等一切微观粒子都有衍射现象。微观粒子的波粒二象性,揭示了微观粒子与经典粒子根本不同的属性,因而许多与微观粒子运动相关的物理现象,明显地表现出具有与经典概念所预期的完全不同的特点,不确定关系(或不确定性原理)就是这样一种重要的物理现象,此原理也称为量子力学的测不准原理。可以解释为:我们不能同时测准粒子的坐标位置及其相应的动量。因此,我们也不能比海森伯不确定性原理所允许的更准确。结果我们只能预言这些粒子的可能行为。

量子力学在低速、微观的物理现象范围内起着普遍作用,经典力学是量子力学的极限情况。量子力学的建立大大促进了原子物理学、固体物理学、原子核物理学等学科的发展,它标志着人类认识自然,实现由宏观世界向微观世界的飞跃。

在量子力学的建立过程中,有许多宝贵性的意见,也有许多争论性的意见,例如:薛定谔的"能流分布"观点,玻姆·德布罗意的"隐参数"观点,瓦采耳的"零子"观点,都强调了客观物质基础的存在性,反对能量可以从虚无缥缈中产生以及只有一种电子的解释,反对对波函数的几率诠释,但是这些不同的观点并没有引起人们重视。

爱因斯坦的狭义相对论和广义相对论之所以产生在 20 世纪,是因为在当时需要把运动物体在电动力学中所确立的一些实验事实综合起来。对相对论最好的证明,是把相对论应用到物理学的各个领域所取得的无数成就。原子能的全部学说完全根据相对论所建立的质量和能量的关系式 $m = \dfrac{m_0}{\sqrt{1 - v^2/c^2}}$ 和 $E = mc^2$,因此这也成了整个现代原子核物理学的基础。

关于广义相对论,爱因斯坦本人的观点是他所创立的"万有引力理论",是把相对性原理推广到加速运动而得到的。然而这种观点被许多科学家认为是不正确的,因为在那里,一点也没有谈到"广义相对性"。而正确的是把它简称为"万有引力论"。这个理论有着它自己的生命,而现在,由于有关各方面科学家的努力,对于这个理论已经研究出了另一种观点,它在某些重要的地方,不同于爱因斯坦的观点。

总之,从科学史的发展来看,不可能存在一种长期存在、万世不朽的理论,一种科学理论在某一时期是正确的,而随着科技的进步,必然有新的理论代替旧的理论。列宁说得好:"正如关于物质的构造和运动形式的科学知识的可变性并没有推翻外部世界的客观实在性一样,人类的时空观念的可变性也没有推翻空间和时间的客观实在性。"

爱因斯坦否定物质以太媒介的存在,他把空间理解为虚无的真空,认为"光媒介以太"是多余的。而且他认为"电磁波是靠其自身的电磁场传播的,根本不需要什么媒介"。而且爱因斯坦唯心地认为"我们的思维是概念的一种自由游戏"。正是由于爱因斯坦这种游戏的思想,创造了一些错误的概念和假设。尽管爱因斯坦出现了这样的一些问题,但也因为洛伦兹变换的应用,解决了一些"怎么样"的问题。爱因斯坦的著名公式:物质能量和质量互相联系的关系式,在原子核反应和一些基本粒子的反应里,都证实了质能关系的正确性,这样重要的结论已经在生产技术上和人类生活中产生了极为深刻的影响。在科学史上这种奇怪的巧合,使得爱因斯坦仍然称得上是一位世界上科学探索的巨匠。

然而直到今天(21世纪初),在人类探索自然的征程中,科学界在许多的实验观察中使用相对论的理论依然符合得比较好。因此即使有人对理论要进行修改,也必须在已知的实验中退回到相对论。然而,事实上在宇宙学中,由于广义相对论在大尺度和特别微小尺度还没有充分的实验证明其适用性,所以修改广义相对论也成为了一个非常热门的、主流的研究课题。

近来又不断发现了一些新的天体和新的宇宙现象。例如,在20世纪之前,从未有人提出过宇宙是在膨胀或是在收缩的问题。当时的人们一般认为,宇宙要么以一种不变的状态存在了无限长的时间,要么以我们今天观察到的样子在有限久的过去创生。

甚至那些意识到牛顿的万有引力理论导致宇宙不可能静止的人,也没有想到提出宇宙正在膨胀。另外还有人认为如果宇宙是无限而静止的,那么每一道光线都会终止于一个恒星上,使得夜空和太阳一样明亮。

当大多数人,深信一个本质上静止不变的宇宙时,1929年美国的爱德温·哈勃利用威尔逊山天文台的望远镜通过不断的观测发现:不管你往哪个方向观测,远处的星系都正急速地飞离我们朝太空深处而去,换而言之,宇宙正在膨胀。哈勃的这个发现是利用光谱分析得到的。他发现了遥远星系的光线,它们的光谱都向红端做轻微的移动,而且星系越远,这种向红端移动的量就越大。实际上,人们发现各星系"红移"的大小与它们离开我们的距离成正比。这种红移现象,最自然不过的解释莫过于假设一切银河系(包括河外星系)都在离开我们,离开的速度随距离的增大而增大。这个现象也可以说是散布在宇宙间的各星系在经历着普遍的均匀膨胀而已。据观测到的膨胀速度和当今各相邻星系间的距离的科学推算,这个膨胀至少在 10 亿年前就开始了。直到今天还没有完全弄清楚"红移"的原因,也很可能是我们在这里(地球上)初次碰到了某种自然的新规律。而这种新规律到今天之所以没有被我们知道,是因为它只能在距我们极大距离的场合才会出现。

最近的科学研究发现,通过对射电源的观测和研究,发现了一类新型的光学天体。它们是单个天体,在光学望远镜里看起来呈现为一个光点,有点像恒星,但与恒星又有很大差别,所以把它们称为"类星射电源"。随后又发现了另一类射电宁静的天体,人们将此二者合称为"类星体"。这是一种体积小而辐射能量极大的天体,并且还具有特大的光谱"红移",它们的红移量甚至超过一般河外星系红移量的 7 倍多。对"类星体"的"红移"特征的发现及一系列的观测,是人类对天体演化认识的又一大进步。类星体为什么体积小而辐射能量极大?红移量为什么特别大?为什么类星体还出现多重红移现象等,学者们各有不同的看法,尚待进一步研究。

1938 年,艾夫思、史迪威证实了运动光源存在多普勒效应。宇宙膨胀学说便把红移解释为宇宙膨胀的多普勒效应。值得注意的是,哈勃定理是从未验证过的一种推理,而类星体的高"红移"之谜也很难用现有的理论去解释。关于"红移"理论、大爆炸论或者宇宙膨胀学说虽有一定实验观测支撑,但都是未经证实的一些设想,都面临着严峻的挑战。

我们自称地球文明,然而至今我们人类对我们生存的地球还存在太多的不甚了解,对我们朝夕相伴的地球还没有认真地、十分细微地分析、研究和探讨。我们对地球的形成和发展,地球对太阳及银河系电磁场的依赖关系还没有认真地研究和认识,从而使得人们对很多自然之谜还无法解释。

在基本粒子的研究中,人们实验技术及实验成果越来越多,可是人们只是偏重于在高能方向上的研究,而至今所有的一切实验都只是在强电磁的约束和加速作用中进行的,对此人们忽视了在实验中增能增质对基本粒子实验的影响,至今还未认识到在高能粒子加速器中碰撞时的粒子已经远远不是入射时的质能量级了。因而,在此基础上对粒子结合能的解释(例如光子结合能为无限大的认识)便产生了谬误。对于基本粒子的研究和探索方向有待重新认识,对于夸克(层子)的研究,虽然 1969 年美国加州理工学院的牟雷·盖尔曼获得了诺贝尔物理学奖,但问题在于什么是真正的基本粒子——构成世界万物最基本的构件还没弄清楚。因此,对于夸克和胶子的假说还需要进一步探索,是否在方向上存在错误尚待证实。展望对于基本的物质微观结构的探索,最后集中在两个方面,即解决粒子间的相互作用力问题和物质结构的最小"基元"问题。这两个问题是互相紧密相关的,也是十分困难的。

中国科学家于 1965～1966 年提出了"层子模型",认为强子是由更深的物质层次即层子(夸克)构成的,而层子本身也还是无限可分的,此假说受到国际重视,但未形成气候。后来国际上又发现了一种新的粒子称为胶子,胶子具有很强的力量,能把层子和层子"粘"在一起。著名科学家丁肇中在德国汉堡一台高能加速器上,首次找到了胶子存在的实验证据,这给强子是由层子(夸克)构成的理论以新的支持。

因发现粒子服从不相容原理,1945 年泡利获得了诺贝尔物理学奖。这个原理的中心思想是说:两个类似的粒子不能存在于相同的状态中。也就是说,在不确定性原理给出的限制下,两个类似的粒子不能同时具有相同的位置和速度。据此,可以解释为何物质粒子,在自旋为 0、1 和 2 的粒子产生的力的影响下,不会坍缩成密度非常高的状态(因为两个类似的粒子不能存在于相同的状态中)。

如果物质粒子几乎处在相同的位置,则它们必须有不同的速度,这意味着它们不能也不会长时间地存在于相同的位置。如果世界在没有不相容原理的情况下创生,夸克将不会形成分离的轮廓分明的原子。它们的全部就会坍缩成为大致均匀的稠密的"汤"!

由于射电望远镜和大气层外探测器的出现,全波天文学的发展和重大发现,超导温度不断提高,不断地发现了一些新天体和新现象,例如类星体、脉冲星、宇宙背景辐射以及星际有机分子等。这些现象的研究很受科学界重视。因为它们多与极高温、极高压、极高密度、极强磁场、极强辐射场等极端条件有关。这些极端条件,在地面上的实验中是无法获得的,因此,它给科学研究提供了极为理想的"天然实验室"。还要特别提到的是 2017 年我国发射的硬 X 射线调制望远镜"慧眼",它能穿过星际物质的遮挡去观看宇宙中的 X 射线,它能提示宇宙中所发生的惊心动魄的景象;它实际上是一座太空天文台,可以扫描银河系,监视恒星爆发,测量黑洞的质量等。在这样高级的实验室内,人们通过它对天体本质的探索,对天文学、物理学、化学所提供的条件已不是地面上的实验室所能办到的,它可以使人们了解物质世界中许多未知的物质状态和规律。人们意识到,在这里交织着宏观世界和微观世界的前沿,可能正在酝酿着人类认识自然的一次重大的新的创造性突破。

人类文明的历史,包含着无数探索者、科学家艰苦卓绝的劳动和奉献。杰出的科学家们,是人类的骄傲和最伟大的财富,是永远值得尊敬的。但是他们的认识也具有历史局限性,受认识规律的时间性、科学性、条件性等因素影响。因此,他们的理论并非是完美无瑕、尽善尽美的,也不是绝对正确、万世不变的,权威的地位也不会是永远的和绝对的。

任何历史阶段的理论都面临着历史发展的挑战,经典力学、现代物理学、宇宙学、地球学、生物学等理论都面临过挑战,就连统治了世界科学 2000 多年的欧几里得几何也不是绝对正确的,也受到非欧几何的挑战。挑战是追求真理的辩证认识的必然经历。辩证认识的意义在于：在历史发展的进程中，有些理论需要探索和确立，使理论不断地进化，使认识不断地深化；有些理论需要修改和完善；有些理论需要否定和扬弃等。只有这样，人类的认识才能不断地接近自然，不断地与客观实际相符合，从而促进人类的认识和科技文明不断地前进，不断地发展。人类求知的最深切的意义足以为我们不断探索宇宙提供充足的理由，而科学家们的目标也恰恰正是对人类生存于其中的宇宙做出完整的描述。

特别值得提及的是改革开放以后，中国从 1993 年开始筹划，经过多年的研究，于 2011 年 3 月 25 日开工建造的"500 米口径球面射电天文望远镜"，中国的超级"天眼"，简称为 FAST，已于 2016 年 9 月 25 日在贵州大窝凼洼地的喀斯特洼坑中建成，开始接收来自宇宙深处的电磁波。这是具有我国自主知识产权，世界最大单口径、最灵敏的射电天文望远镜，其接收面积相当于 30 个足球场的标准面积。它与德国波恩 100 米口径天文望远镜相比，灵敏度提高将近 10 倍；它与被评为人类 20 世纪十大工程之首的美国阿雷西博望远镜（其口径为 350 米）相比较，综合性能提高约 10 倍，普遍认为 FAST 在未来的 20～30 年内将保持世界一流的地位。从此，我国的空间测控能力将由月球同步轨道延伸到太阳系的外缘。FAST 可以捕捉到宇宙空间 100 亿光年之外的星际信号。FAST 的索网结构可以随着天体的移动而自动变化，带动索网上活动的共计 4450 个反射面板产生变化，足以观测到任意方向的天体，同时其馈源舱也会随着索网一起运动,采集反馈信息。FAST 的建成和投入使用,突破了射电天文望远镜的百米极限,开创了人类建造巨型射电望远镜的新模式,利用它可以探测到宇宙深处更多的奥秘。

参考文献

REFERENCE

1.吴大任.微分几何讲义[M].北京:人民版社,1959.

2.关肇直.从量变看物理世界[M].北京:科学普及出版社,1963.

3.苏步青.高等几何讲义[M].上海:上海科学技术出版社,1964.

4.邓乃平.空间和时间的故事[M].北京:中国青年出版社,1965.

5.戴文赛.新星[M].北京:北京出版社,1965.

6.余天斌,地力,黎可,等.天体、地球、生命和人类的起源[M].上海:上海
人民出版社,1972.

7.朱志尧.宇宙的秘密[M].沈阳:辽宁人民出版社,1973.

8.泰元勋.空间与时间[M].北京:科学出版社,1973.

9.翁士达.银河系[M].北京:北京人民出版社,1975.

10.尹儒英.高能物理入门[M].成都:四川人民出版社,1978.

11.上海市卢湾区教师进修学院.地理名词解说[M].上海:上海教育出版
社,1978.

12.苏步青.微分几何五讲[M].上海:上海科学技术出版社,1979.

13.吴义生,孔慧英,等.自然科学概要[M].济南:山东科技出版社,1981.

14.王元,陈德泉,计雷,等.华罗庚科普著作选集[M].上海:上海教育出版
社,1984.

15.苏步青,华宣积,忻元龙.实用微分几何引论[M].北京:科学出版社,
1986.

16.张明昌,肖耐园.天文学教程 上册[M].北京:高等教育出版社,1987.

17.赵宏量.高等几何学习指南[M].重庆:西南师范大学出版社,1987.

18.郭瑞涛.地球概论[M].北京:北京师范大学出版社,1988.

19.殷传宗.量子物理学基础[M].重庆:西南师范大学出版社,1988.

20.杨羽.原子物理学[M].重庆:西南师范大学出版社,1990.

21.胡渭.易图明辨[M].成都:巴蜀书社,1991.

22.邓纯江,柳长翥,刘玉.从古典几何到现代几何[M].成都:成都科技大
学出版社,1992.

23.张宝元.力学[M].重庆:西南师范大学出版社,1993.

24.彭清玲,方明亮.地球概论[M].重庆:西南师范大学出版社,1993.

25.方镇华.简明数学史[M].重庆:西南师范大学出版社,1993.

26.史秀菊.袖珍 200 年阴阳历书[M].北京:气象出版社,1997.

27.赵宏量.大哉,数学之为用——纪念华罗庚教授诞辰 100 周年[M].重
庆:西南师范大学出版社,2010.

28.[苏]波拉克.普通天文学教程[M].戴文赛,等译.上海:商务印书馆,1953.

29.[苏]H.B.叶非莫夫.高等几何学 上册[M].裘光明,译.上海:商务印书
馆,1953.

30.[苏]科士青.几何学基础[M].苏步青,译.北京:商务印书馆,1954.

31.[苏].H.ф.切特维鲁新.射影几何学[M].东北师范大学几何学教研室,
译.北京:高等教育出版社,1955.

32.[美]斯特洛伊克.数学简史[M].关娴,译.北京:科学出版社,1956.

33.[苏]A.П.诺尔金.罗巴切夫斯基.几何初步[M].姜立夫,等译.北京:高
等教育出版社,1956.

34.[苏]亚历山德罗夫,等.数学它的内容、方法和意义第 1 卷[M].孙小

礼,译.北京:科学普及出版社,1958.

35.[苏]福克,等.苏联大百科全书选译:相对论·万有引力[M].林立成,
译.北京:高等教育出版社,1959.

36.[苏]凯德罗夫,等.苏联大百科全书选译:原子学说[M].徐克敏,译.北
京:人民教育出版社,1960.

37.[苏]伊格纳齐乌斯.速度之谜[M].吴道久,译.上海:上海教育出版社,
1961.

38.[德]D.希尔伯特,S.康福森.直观几何[M].王联芳,译.北京:高等教育
出版社,1964.

39.[德]恩格斯.自然辩证法[M].中共中央马克思恩格斯列宁斯大林著作
编译局,译.北京:人民出版社,1971.

40.[日]上田诚也.新地球观[M].常子文,译.北京:科学出版社,1973.

41.[英]S.F.梅森.自然科学史[M].上海外国自然科学哲学著作编译组,
译.上海:上海人民出版社,1977.

42.[美]G·盖莫夫.从一到无穷大[M].暴永宁,译.北京:科学出版社,
1978.

43.[德]M.V.劳厄.物理学史[M].范岱年,戴念祖,译.北京:商务印书馆,
1978.

44.[美]A.爱因斯坦.相对论的意义[M].李灏,译.北京:科学出版社,1979.

45.[美]英格利斯.行星恒星星系[M].李致森,等译.北京:科学出版社,
1979.

46.[美]M.克莱因.古今数学思想 第1册[M].张理京,等译.上海:科学技
术出版社,1979.

47.[美]L.A.斯蒂恩.今日数学随笔十二篇[M].马继芳,译.上海:上海科学

技术出版社,1982.

48.［苏］B.T.波尔金斯基,B.A.叶夫来莫维奇.漫谈拓扑学［M］.高国士,译.
南京:江苏科学技术出版社,1983.

49.［苏］Π.K.拉舍夫斯基·黎曼几何与张量分析概论［M］.俞玉森,译.北
京:高等教育出版社,1984.

50.［美］陈锡驹,［美］斯廷路德.拓扑学的首要概念 线段、曲线、圆周与圆
片的映射的几何学［M］.蒋守方,江泽涵,译.上海:上海科学技术出版
社,1984.

51.［苏］И.M.雅格龙.九种平面几何［M］.陈光远,译.上海:上海科学技术
出版社,1985.

52.［美］H·伊夫斯.数学史概论［M］.欧阳绛,译.哈尔滨:哈尔滨工业大学
出版社,2009.

53.［英］史蒂芬·霍金.时间简史(插图版)［M］.许明贤,吴忠超,译.长沙:
湖南科学技术出版社,2016.

附　录

A P P E N D I X

✶

（1）恒星的亮度

人们肉眼所见的恒星的明暗程度，称为视星等（也称视亮度），用符号 m 表示。

古人将肉眼能看到的最明亮的星叫 1 等星。勉强才能看见的暗星叫 6 等星。它们之间的亮度相差 100 倍。星等每差一级，则亮度差为：$\sqrt[6-1]{100}\approx2.512$，即星等每差一级，则亮度差 2.512 倍。1 等星比 2 等星亮 2.512 倍，2 等星比 3 等星亮 2.512 倍，以此类推。

比 1 等星亮 2.512 倍的是 0 等星，再亮的是－1 等星，－2 等星……例如太阳为－26.7；满月为－12.7；大犬座 α 星（即天狼星）为－1.4；等等。

大熊座星（开阳星）旁边的辅星，是一颗 6 等星，比它更暗的星，人们用肉眼就看不见了。比 6 等星暗的是 7 等星，再暗的是 8 等星、9 等星……利用大型天文望远镜目前可观察到的是 25 等的暗星。

（2）恒星的光度

光度是恒星本身真正发光的本领，所以光度和亮度是不同的。用绝对星等（M）来表示光度。

由于恒星的亮度是不考虑其距离的远近的，而恒星的光度则是把恒星放在同等距离上进行亮度比较后得出的，这才能真正反应恒星的发光状况。国际上规定:将恒星移到距地球 10 秒差距(即 32.6 光年)处,恒星所具有的视星等,称为绝对星等(M)。例如,太阳若处在 10 秒差距的地方,其绝对星等仅为 4.9,就成为一颗十分暗淡的星了。

(3)恒星的光谱

恒星的光谱是由连续谱和线谱所组成的。通过对恒星的光谱分析,可以推知恒星的有关理化性质。天体的光谱好像一种密码,当你一旦冲破了这种密码,就可以从中获得许多天体的知识,除了知道天体的物质成分以外,还可以通过光谱分析测得天体的温度、密度、压力、磁场等。根据天体的温度,人们将恒星按温度分成三种类型,如下表:

恒星的光谱型

光谱型	颜色	表面温度(K)	典型星
O	蓝	40000～25000	参宿一、参宿三
B	蓝白	25000～11000	参宿二、参宿七
A	白	11000～7500	天狼、织女
F	黄白	7500～6000	老人、南河三
G	黄	6000～5000	太阳、南门三
K	橙	5000～3500	大角、北河三
M	红	3500～2500	参宿四、心宿三

高温型(O,B,A 型):质量大、光度强,蓝白色,光谱中电离氢、氦谱线较强。

中温型(F,G 型):质量和光度居中,黄色,光谱除氢线外,有较强的钙谱线。太阳是一颗典型的 G 型黄色星。

低温型(K,M型):质量小、光度低,红色,光谱中以一些易激发的金属原子谱线和分子带为主。

(4)求绝对星等(M)的公式

若设 m,r 为某恒星的视星等和距离,M 表示绝对星等,标准距离为 10 秒差距(1 秒差距＝206265 天文单位)可以推出公式:M＝ m＋5－5lg$r$。

利用此公式去求太阳的绝对星等(M)如下:

M＝－26.7 视星等＋5－5lg(1/206265)＝4.9 视星等。

(5)赫罗图(主序星)

20 世纪初,丹麦的赫兹普伦和美国的罗素,各自根据恒星的光谱型和绝对星等(M)的关系,绘制了著名的《赫罗图》,也称它为恒星光谱——光度图(见下图)。

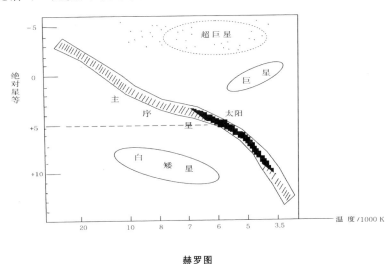

赫罗图

图中以恒星的光度为纵坐标,以恒星的光谱型或温度为横坐标。在此图上,大多数恒星分布在左上方至右下方的一条狭长带子内,其排列由光度大、温度高的 O,B 型星延续到光度小、温度低的 K,M 型星,形成一个明显的序列,称为主序星。右上方,还集中了一些绝对星等为零等的 G,K,M 型星,叫作巨星;在巨星之上为光度更大的一些光度在 -2 视星等~-7 视星等的星,叫作超巨星;在左下方,是一些光度小、体积小、密度大的白色星,叫作白矮星。由此可见,赫罗图直观生动地反映了恒星光谱——光度之间的相互关系。

(6)常用的一些天文单位和数据

日(太阳)地(地球)平均距离约 14960 万千米。

用 AU 表示 1 个天文单位,则有 1 AU＝14960 万千米＝1.4967892×10^8 km。

即日地平均距离＝1 AU。

太阳到冥王星的距离为 40 AU。

太阳系的引力范围可达 1.5×10^5 AU。

地球的平均半径约为 6371 km。

太阳的半径约为地球半径的 109 倍。

太阳的体积约为地球体积的 130 万倍。

太阳质量占太阳系质量的 99.87%。

太阳对地球的引力,可用万有引力公式求得:

$$F = G\frac{Mm}{r^2} = 3.5 \times 10^{22} \text{ N}$$

(M 表示太阳质量,m 表示地球质量,r 表示距离。此引力 F 相

当于把 2 万亿根直径为 5 m 的钢柱一下子拉断的拉力）

太阳的质量，约为 $2×10^{27}$ t。〔相当于地球质量($16×10^{21}$ t)的 33 万倍〕

太阳每分钟向宇宙空间辐射的总能量，地球只能得到二十二亿分之一。

太阳表面温度约 6000 ℃。

太阳中心温度约 $2×10^7$℃。

太阳的能源含有极其丰富的氢元素，按质量估计氢约占 70%。1 克氢核聚变为氦核时，能产生 1500 亿卡路里的热能，相当于完全燃烧 2700 吨标准煤所产生出来的热量。

（7）八大行星运行的特征

①近圆性：运动轨道近似圆的椭圆轨道。

②同向性：无一例外地都按逆时针方向绕日公转。

③共面性：八大行星公转轨道接近于一个平面，即它们与地球轨道面——黄道面有倾角，大多数不超过 3°，公转轨道面在黄道面附近。

（8）小行星带主要分布在火星和木星之间，绝大多数小行星距太阳为 2.2 AU～3.6 AU（AU 为天文单位）。

（9）已发现的彗星有 1600 多颗，但计算出轨道的彗星只有 600 多颗。

（10）恒星是由炽热气体构成的。其中氢约占 70%，氦约占 28%，其余为碳、氮、氧、铁等。

（11）恒星距离

1 光年＝94607 亿千米（或等于 63241 天文单位）。

1 秒差距＝3.26 光年＝206265 天文单位。

离太阳最近的恒星是半人马座比邻星,距离太阳 4.22 光年。

牛郎星距太阳约 16 光年。

织女星距太阳约 26 光年。

北极星距太阳约 400 光年。

(12)秒差距。恒星周年视差为 1″(秒)时的恒星距离为 1 秒差距。也就是当恒星和太阳的连线与恒星和地球连线两者张角为 1″时,则将恒星与太阳距离长度定义为 1 秒差距。(如图所示)

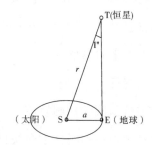

(13)几种特殊的恒星

①变星,较短时间内(几年或更短)亮度发生变化的恒星,分为三类:

几何变星,即两颗星的几何位置发生变化。

脉动变星,恒星体积周期性膨胀和收缩。

爆发变星,恒星本身爆发而引起亮度突变。

②新星,恒星爆发后光度突然增加 9 个星等以上,亮度增大几万倍至几百万倍的变星称为新星。

③超新星,若新星光度增加更大,增加到 1 千万倍至 1 亿倍以上的变星就称为超新星。

后　记

POSTSCRIPT

　　《时间简史》是当今世界一本难得的科普著作,既有很强的理论性又有迷人的趣味性。被译成40多种文字,发行量突破2000万册,这在世界出版史上还是少有的。据说大多数人阅读此书都比较困难,对其中许多精深的概念难以理解和掌握。那又为什么要买来看呢? 这说明人们对重大问题具有广泛的兴趣,特别是诸如人类是从哪里来的、宇宙是如何形成的、为什么宇宙会是这个样子、宇宙到底有没有开端、时间的本质是什么、宇宙是否有末日、组成物质的基元到底是什么、为什么层子(夸克)人们看不见等等问题,人们都是津津乐道,然而又说不出个子午寅卯。

　　自从人类文明开始以来,人们不甘心将宇宙的事件看成互不相关和不可理解的。人们渴望理解世界的根本秩序,而科学家们的目标也恰恰是对人类生活在其中的宇宙做出完整的描述。因此,我们更加崇敬霍金先生的工作,也很想彻底弄懂他书中的一切。然而此书所涉及的知识既广且深,许多精深复杂的概念出现在霍金的《时间简史》中,绝大多数只是简单地提了一下并未做较深入或较详细的叙述,使得大多数人不能理解。所以绝大多数买书的人只是看"热闹",而看不清"门道"。俗话说"杂家看热闹,行家看门道"。要想看清霍金书中的"门道",需要对其中的许多理论、概念、方法和问题等做出比较进一步的阐释,这样才能使广大读者能较好地理解《时间简史》的本意。同时也为想进一步深入了解宏观宇宙和微观世界的人们,提供一份进一步学习和参考的资料。这些参考资料或许对许多人是有用的和感兴趣的。这些参考资料对于广大的中小学教师和学生,对想进一步弄懂《时间简史》的人都是有学习和研究价值的。

鉴于以上诸多原因,本书作者积极支持西南大学老教授协会组织和倡导读三本有意义的书(《时间简史》《菜根谭》《旧制度与大革命》)的活动,并付诸行动,在将近 3 年的时间里,不断地学习和钻研,查阅了大量国内外文献资料,同时也回顾和总结了作者本人 60 多年来从事高等学校数学教学和研究中的若干相关问题。由于作者本人在上大学时就对天文学和物理学等比较有兴趣,所以积存和保留了许多有关的难得的和珍贵的资料。经过反复的思考和对资料的筛选、分类、归纳、整理,写了一些专题科普读书笔记;进而拟出提纲,开始撰写,最后形成了本书。

在这几年当中,要感谢我的全家对我这个八十多岁老翁的关心和支持,使我能安心写作。当然《时间简史》也还有许多问题需要进一步研究和探索,有志者们努力前进吧!

赵宏量

2017 年 5 月

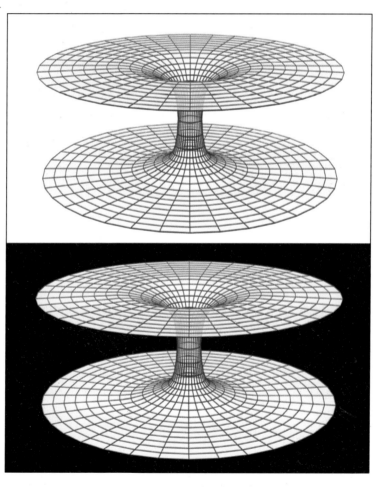

◆ 虫洞

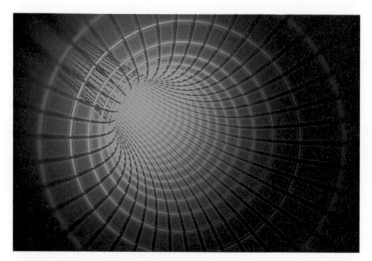

◆ 黑洞

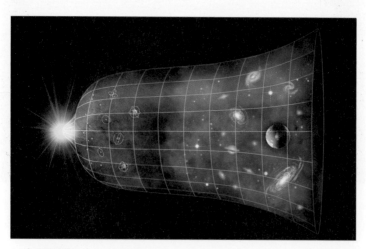

◆ 宇宙的膨胀

◆ 太阳系的八大行星

◆ 宇宙中的星系

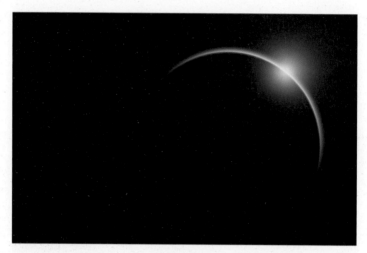

◆ 日全食太阳圆盘

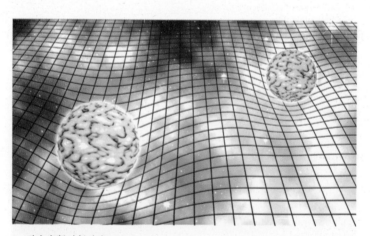

◆ 引力空间时间畸变